力学入門

石川　洋

東北大学出版会

Mechanics for beginners

Hiroshi ISHIKAWA

Tohoku University Press, Sendai
ISBN978-4-86163-326-3

はじめに

　本書は大学の理工系・生命科学系の学生を対象とした力学（物体の運動を扱う物理学の分野）の入門書である．高校で物理を履修しなかった学生，または大学で物理を専門としない学生が使うことを考えて，扱う内容を基本的なものに限り，少ない時間で力学の基礎が身につくことを目指している．予備知識としては高校卒業程度の数学（微積分とベクトルの基礎）のみ仮定し，計算の過程もできるだけ省略せずに説明している．数学が苦手な読者でも，それほど苦労することなく読むことができるのではないかと思う．

　力学にはすでに多くの教科書があるが，まったくの初学者が学ぶのに適した本はあまり見当たらない．たいていの本は力学の体系的な理解を得ることを目標に書かれており，想定されている読者は主に物理を専門に学ぶ（または使う）学生である．物理を専門としない学生が力学の概要を知ろうとしてこうした本を開いても，最後まで行き着くのは容易ではない．次々に登場する新しい概念や見慣れない数式を前に，だいたいが途中で息切れしてしまうからである．専門でない学生向けには，もう少し内容をしぼった，消化不良にならない程度の分量の本があるとよい．

　本書はこのような考えから生まれた，今までにないタイプの教科書である．目標を「力学の基本法則（運動方程式）から物体の運動が定まることの理解」とし，扱う内容をこの目標に直結するものに限ることで，物理をはじめて学ぶ学生でも流れを見失わずに学習できることを目指している．また，使用する数学は高校で学ぶ範囲で理解可能なものに限り，数学が原因で物理の議論についていけなくなることのないように配慮している．

　本書の内容を簡単に説明しよう．前半（第6章まで）では質点（質量はあるが大きさのない点）の運動を扱う．「運動方程式から運動が定まる」とはどういうことなのかを理解することが，この部分の目的である．特に，第4章，第5章では「エネルギー」という概念を導入し，エネルギーの観点から運動の様

子を調べる方法を学ぶ．後半（第 7 章以降）では剛体（大きさはあるが変形しない理想的な物体）の運動の理解を目標に，物体の大きさを考慮した運動の取り扱いについて述べる．タイトルに * 印がついた節（§2.2.2 と §5.3）はやや発展的な内容を扱っているので，はじめて読む際にはとばしてもよい．また，補足説明や余談的なものは【参考】という形で本文に入れておいた．

物理学では法則の定式化の過程で多くの新しい概念が導入され，初学者がつまずく一因にもなっている．読者の負担を考えて，本書では力学に現れる主な概念のうち，運動方程式に必要なもののほかはエネルギー（とそれに関係するもの）のみ扱うようにした．（ただし，運動量と角運動量については補章という形で最後にまとめてある．）剛体の回転運動については質点系の角運動量を経由して運動方程式を導出するのが一般的だが，ベクトルの外積が必要になるなど，初学者には難しいところもある．そこで，本書では回転軸の向きが変化しない場合に限ることにより，角運動量を使わずに回転の運動方程式を導出するようにした．ただし，読者が他の本を参照する際に混乱しないように，巻末の補章で角運動量を使った導出法との関係についても簡単に述べた．

本書は物理を専門としない学生が通読できることを最優先にしたため，他のたいていの教科書に記述がある題材でも，いくつか省略したものがある[*1]．もっとも，そのためにかえって力学の骨組みがよく見えるようになったかもしれない．本書を読んで力学の内容に興味を持った場合には，ぜひ巻末の参考図書などを参照して，本書で扱わなかった事項についても学んでほしい．

本書は東北大学における物理未履修の学生を主な対象とした力学の授業に基づいている．内容の作成にあたっては東北大学の多くの方々にご協力いただいた．日笠健一先生には授業の立案の段階から本書の内容に至るまで様々な形でお世話になった．前田和茂先生，佐貫智行氏には著者とともに実際の授業の設計および実施を担当していただいた．隅野行成氏，内田就也氏からは本書の原稿に対して貴重なご意見をいただいた．ここに記して謝意を表したい．

2019 年 1 月

石川　洋

[*1] 主なものを挙げると，物体の衝突，惑星の運動，非慣性系，といったところになる．

目次

第 1 章　運動の記述 … 1
　§1.1　直線上の運動 … 1
　§1.2　平面内の運動 … 6

第 2 章　運動の法則 … 11
　§2.1　運動方程式 … 11
　§2.2　落体の運動 … 15

第 3 章　単振動 … 24
　§3.1　運動方程式と解 … 24
　§3.2　鉛直方向への振動 … 28

第 4 章　運動エネルギーと仕事 … 32
　§4.1　エネルギー … 32
　§4.2　直線上の運動の場合 … 33
　§4.3　2 次元以上の場合 … 36

第 5 章　ポテンシャルとエネルギー保存則 … 40
　§5.1　直線上の運動の場合 … 41
　§5.2　エネルギー保存則の利用 … 43
　§5.3　微小振動* … 46
　§5.4　2 次元以上の場合 … 48

第 6 章　束縛運動 … 50
　§6.1　斜面上の運動 … 50
　§6.2　単振り子 … 52

§6.3　エネルギー保存則 55

第7章　質点系の運動　58
§7.1　質点から質点系へ 58
§7.2　重心 59
§7.3　重心の運動 61
§7.4　ばねでつながった2つの質点 63

第8章　剛体の運動　69
§8.1　剛体 69
§8.2　回転運動の記述 70
§8.3　回転の運動エネルギー 71
§8.4　回転の運動方程式 73

第9章　剛体振り子　77
§9.1　重力のトルク 77
§9.2　運動方程式と解 80
§9.3　エネルギー保存則 82

第10章　剛体の平面運動　85
§10.1　運動方程式 85
§10.2　斜面を転がる円柱 88

補章　運動量と角運動量　92
§A.1　運動量 92
§A.2　角運動量 93

参考図書　98

問題の略解　99

索引　104

第1章

運動の記述

　力学の目的は物体にはたらく力と物体の運動の関係を調べることである．そのためには物体の運動をあいまいさ無く表す方法が必要となる．この章では，力学を学ぶ準備として，物体の運動を数式を使って記述する方法について解説する．

目的

- 直線上を運動する物体の速度・加速度の定義を理解する．
- 平面内を運動する物体の速度・加速度の定義を理解する．
---

§1.1　直線上の運動

　直線上を動く物体を考える．簡単のため，しばらくの間は物体の大きさは無視し，物体を点とみなす[*1]．（ただし，大きさはないが質量は持つと考える．質量を持った点なので**質点**という．）直線に沿って座標 x を取ると，物体の位置は x の値によって表すことができる（図 1.1）．物体が運動しているとき，物体の位置 x は時間 t の経過とともに変化する．時刻 t における x の値は一つに決まるので，x は t の関数とみなすことができる．このことを以下のように表す[*2]．

$$x = x(t) \tag{1.1}$$

つまり，物体の運動が定まるということは，（時間 t の関数としての）x の関数形 $x(t)$ が定まるということである．

[*1] 第 7 章で見るように，これは物体の重心を考えているということに相当する．
[*2] 本来ならば，関数の名前を別に定めて $x = f(t)$ などと表したほうがよいのかもしれないが，物理では（無駄に記号を増やさないために）物理量と物理量を表す関数の名前を区別せず，このように表すことが多い．

 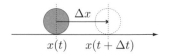

図 1.1 直線上を運動する物体．直線に沿って x 軸を取ると物体の位置は座標 x を使って表すことができる．

図 1.2 直線上を運動する質点の位置 x の変化 $\Delta x = x(t+\Delta t) - x(t)$．

例 1.1 運動の例 x_0, v_0 を定数（時間 t によらない数）として，$x(t)$ を

$$x(t) = x_0 + v_0 t \tag{1.2}$$

と定める．時刻 t の値が与えられると位置 x の値が一つに決まるので，この式は物体の運動を定めている． ■

物体の運動 $x(t)$ が与えられると，運動の様子を表す様々な物理量を求めることができる．代表的なものが，速度と加速度である．時刻 t から $t+\Delta t$ の間に物体の位置 x が Δx だけ変化したとしよう[*3]（図 1.2）．物体の**速度**とは，単位時間あたりに物体がどれだけ移動したかを表す量（位置の変化率）である．

$$\text{速度} = \frac{\text{物体の位置の変化}}{\text{かかった時間}} = \frac{\Delta x}{\Delta t} \tag{1.3}$$

物体の速度が時間とともに変化している場合には，この定義だと瞬間の速度ではなく，速度の平均値になってしまう．ある瞬間 t の速度 $v(t)$ を表すためには，次のように時間間隔 Δt を 0 にする極限を取る必要がある．

$$v(t) = \lim_{\Delta t \to 0} \frac{\Delta x}{\Delta t} = \lim_{\Delta t \to 0} \frac{x(t+\Delta t) - x(t)}{\Delta t} \tag{1.4}$$

この式の右辺は関数 $x(t)$ の t についての微分（導関数）の定義そのものである．すなわち，速度とは位置 x を時間 t で微分したものに他ならない．

速度の定義 $\quad v = \dfrac{dx}{dt} \tag{1.5}$

[*3] Δt は「Δ かける t」ではなく，Δt で一つの記号として使われている．このように，ある量の変化を表す際に，その量に Δ（大文字のデルタ）をつけて表すことが多い．

例 1.2 例 1.1 の運動 (1.2) について，速度を定義 (1.5) に従って計算すると

$$v = \frac{dx}{dt} = \frac{d}{dt}(x_0 + v_0 t) = v_0 \tag{1.6}$$

となり，速度は時間によらず一定値 v_0 を取ることがわかる．直線上の速度一定の運動であることから，運動 (1.2) は**等速直線運動**と呼ばれる． ∎

速度 v は正にも負にもなる（向きがある）ことに注意しよう．負の速度とは，位置の変化 Δx が負，つまり物体が x 軸の負の方向へ運動していることを表す．これに対して，（向きを無視した）速度の大きさは**速さ**と呼んで速度と区別する．

単位時間あたりの速度の変化量（速度の変化率）を**加速度**という．

$$\text{加速度} = \lim_{\Delta t \to 0} \frac{\text{物体の速度変化 } \Delta v}{\text{かかった時間 } \Delta t} = \lim_{\Delta t \to 0} \frac{v(t + \Delta t) - v(t)}{\Delta t} \tag{1.7}$$

速度の場合と同様に，瞬間の加速度を表すために時間間隔 Δt を 0 にする極限を取っている．この式の右辺は関数 $v(t)$ の t についての微分を表している．つまり，加速度は速度を時間で微分したものである．

$$\textbf{加速度の定義} \quad a = \frac{dv}{dt} = \frac{d}{dt}\frac{dx}{dt} = \frac{d^2 x}{dt^2} \tag{1.8}$$

速度 v が位置 x を時間 t で微分したものだから，加速度 a は x を t で 2 回微分したもの（2 階の導関数）である．

例 1.1 の等速直線運動の場合，速度は一定だから加速度は明らかにゼロである（定数の微分はゼロ）．ゼロでない加速度を持つ運動としては次のようなものがある．

例 1.3 等加速度直線運動 次の式

$$x(t) = x_0 + v_0 t + \frac{1}{2} a_0 t^2 \quad (x_0, v_0, a_0 \text{ は定数}) \tag{1.9}$$

で表される運動について，速度 v，加速度 a を定義に基づいて計算すると

$$v = \frac{dx}{dt} = v_0 + a_0 t, \quad a = \frac{dv}{dt} = a_0 \tag{1.10}$$

となり，一定の加速度 a_0 が得られる． ∎

式 (1.9) のような，位置 x が時間 t の 2 次式で表される運動は，加速度が一定値を取ることから**等加速度直線運動**と呼ばれる．一方で，次の例からわかるように，位置 x が t の 3 次以上の項を含む場合には，加速度は時間に依存し一定にはならない．

例 1.4 物体の位置が $x(t) = ct^3$ （c はゼロでない定数）と与えられているとき，速度 $v(t)$，加速度 $a(t)$ は次のようになる．

$$v(t) = \frac{d}{dt}(ct^3) = 3ct^2, \quad a(t) = \frac{d}{dt}(3ct^2) = 6ct \tag{1.11}$$

$c \neq 0$ なので $a(t)$ は t に依存し，一定にはならない． ∎

ここまで見てきたように，位置 $x(t)$ が与えられると，$x(t)$ を時間 t について微分することにより，速度 $v(t)$，加速度 $a(t)$ が求まる．逆に，速度または加速度を与えて，そこから位置を求めることもできる．

例 1.5 物体の速度が $v(t) = gt$ （g は定数）と与えられているとき，位置 $x(t)$ を求めてみよう．位置 x を時間 t で微分したものが速度 v だから，x を求めるには v を t で積分すればよい．

$$x(t) = \int v(t)\,dt = \int gt\,dt = \frac{1}{2}gt^2 + C \quad (C \text{ は積分定数}) \tag{1.12}$$

この段階では積分定数 C の値は不定であり，C を定めるためには何か他の情報を与える必要がある．例えば，時刻 $t = 0$ に物体が位置 $x = 0$ にあった（つまり $x(0) = 0$）としてみよう．式 (1.12) に $t = 0$ を代入すると

$$x(0) = 0 + C = C \tag{1.13}$$

となるから，条件 $x(0) = 0$ から C の値が $C = 0$ と定まる．これを式 (1.12) に戻すと

$$x(t) = \frac{1}{2}gt^2 \tag{1.14}$$

となり，位置が時間の関数として求まる． ∎

例 1.5 のように，速度 v が時間 t の関数として与えられている場合には，v を t について積分することにより位置 x を求めることができる．ただし，初

期位置 $x(0)$ の値のような何らかの条件が与えられない限り積分定数が不定のまま残り，位置は完全には決まらない．速度が表しているものは位置の「変化」であり，位置の値そのものではないからである．

例題 1.6 物体の加速度が $a(t) = a_0$（a_0 は定数）と与えられているとき，物体の速度 $v(t)$ および位置 $x(t)$ を求めよ．ただし，$v(0) = v_0$, $x(0) = x_0$ とする．

[解] 加速度は速度を微分したものだから，速度を得るには加速度を t について積分すればよい．

$$v(t) = \int a(t)\,dt = \int a_0\,dt = a_0 t + C \quad (C \text{ は積分定数}) \qquad (1.15)$$

この式に $t = 0$ を代入すると $v(0) = C$ となるから，$v(0) = v_0$ より $C = v_0$ である．これをもとの式に代入して

$$v(t) = a_0 t + v_0 \qquad (1.16)$$

を得る．同様に，

$$x(t) = \int v(t)\,dt = \int (a_0 t + v_0)\,dt = \frac{1}{2} a_0 t^2 + v_0 t + C' \quad (C' \text{ は積分定数}) \qquad (1.17)$$

となる．$t = 0$ を代入すると $x(0) = C'$, $x(0) = x_0$ より $C' = x_0$ である．これをもとの式に戻して

$$x(t) = \frac{1}{2} a_0 t^2 + v_0 t + x_0 \qquad (1.18)$$

を得る．(この結果は式 (1.9) に一致している．つまり，加速度が一定の運動（等加速度直線運動）は式 (1.9) の形のものに限られることがわかる．) ∎

この例題のように，加速度から位置を求める際には，積分を2回行うことに対応して2つの積分定数が現れる．したがって，運動を完全に定めるためには2つの条件（例題 1.6 では，$v(0)$ と $x(0)$ の値）を与える必要がある．

最後に，時間微分を表す記号について補足してこの節を終える．力学では時間で微分することが多いので，（微分する変数を明記することなく）時間 t に

ついての微分を表す特別な記号として・（ドット）を使う習慣がある．例えば，x を物体の位置とすると，速度 v, 加速度 a はそれぞれ次のように表される．

$$v = \frac{dx}{dt} = \dot{x}, \quad a = \frac{dv}{dt} = \dot{v} = \ddot{x} \tag{1.19}$$

§1.2 平面内の運動

続いて，物体が平面内を動く場合を考える．平面内の適当な点を原点として xy 座標を取る．平面内で物体の位置を指定するためには，物体の座標 x, y を与えればよい．または，（同じことだが）原点 $(0,0)$ を始点として物体の位置を終点とするベクトル $\boldsymbol{r}$（**位置ベクトル**）を使うこともできる．

$$\boldsymbol{r} = (x, y) \tag{1.20}$$

この式のように，本書ではベクトルを表す際には太文字を用いることにする[*4]．また，ベクトルの大きさ（長さ）は対応する通常の文字を使って表す．例えば，式 (1.20) のベクトル $\boldsymbol{r}$ の場合，次のように r でその大きさを表す．

$$r = |\boldsymbol{r}| = \sqrt{x^2 + y^2} \tag{1.21}$$

直線上の運動と同様に，平面内で物体が運動するとき，その座標 x, y は時間 t とともに変化する．つまり，x, y は t の関数である．このことを以下のように表す．

$$\boldsymbol{r}(t) = (x(t), y(t)) \tag{1.22}$$

ここで，左辺の $\boldsymbol{r}(t)$ はベクトル $\boldsymbol{r}$ が t に依存する量であることを表している．平面内の運動を定めるということは，これら 2 つの関数 $x(t), y(t)$ （つまり $\boldsymbol{r}(t)$）の関数形を定めることである．

例 1.7 平面内の運動の例（等速円運動） xy 平面の原点 O を中心とする半径 r の円周上を，一定の速さで動く質点の運動を考える（図1.3）．時刻 $t = 0$ に質点は x 軸上の点 $(r, 0)$ にあったとする．質点は一定の速さで運動してい

[*4] 他に，矢印をつけて $\vec{r}$ のように表す流儀もある．

§1.2 平面内の運動

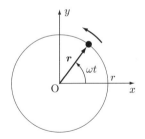

図 1.3 xy 平面の原点 O を中心とする半径 r の円周上を一定の速さで運動する質点. 時刻 t における位置ベクトル $\boldsymbol{r}$ と x 軸のなす角（回転角）は回転の角速度 ω（一定）を使って ωt と表すことができる.

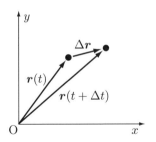

図 1.4 xy 平面内を運動する質点の位置ベクトル $\boldsymbol{r}$ の変化 $\Delta\boldsymbol{r} = \boldsymbol{r}(t+\Delta t) - \boldsymbol{r}(t)$. $\boldsymbol{r}$ がベクトルなので $\Delta\boldsymbol{r}$ もベクトルになる.

るので，質点の位置ベクトル $\boldsymbol{r}$ と x 軸のなす角（回転角）は時間とともに一定の割合で増えていく．この割合（回転の**角速度**と呼ばれる）を ω とすると，時刻 t における回転角は ωt と表されるから，質点の位置ベクトル $\boldsymbol{r}(t)$ は

$$\boldsymbol{r}(t) = (x(t), y(t)) = (r\cos\omega t, r\sin\omega t) \quad (r, \omega \text{ は定数}) \tag{1.23}$$

となる*5． ∎

直線上の運動の場合と同様に，単位時間あたりの位置の変化量（位置の変化率）を**速度**という．時刻 t から $t+\Delta t$ の間に質点の位置ベクトル $\boldsymbol{r}$ が $\Delta\boldsymbol{r}$ だけ変化したとしよう（図 1.4）．$\boldsymbol{r}$ がベクトルであるから，その変化量 $\Delta\boldsymbol{r} = \boldsymbol{r}(t+\Delta t) - \boldsymbol{r}(t)$ もベクトルであり，結果として，次の式で定められる速度 $\boldsymbol{v}$ もベクトルになる．

$$\boldsymbol{v}(t) = \lim_{\Delta t \to 0} \frac{\Delta\boldsymbol{r}}{\Delta t} = \lim_{\Delta t \to 0} \frac{\boldsymbol{r}(t+\Delta t) - \boldsymbol{r}(t)}{\Delta t} \tag{1.24}$$

この式の右辺は，通常の関数の微分の定義において関数をベクトル $\boldsymbol{r}$ に置き換えたものであるから，時間 t に依存するベクトル $\boldsymbol{r}(t)$ の t についての微分と

---

*5 時刻 $t=0$ の質点の位置が $(r\cos\alpha, r\sin\alpha)$ であれば，時刻 t における回転角は $\omega t + \alpha$ となるから，$\boldsymbol{r}(t) = (r\cos(\omega t + \alpha), r\sin(\omega t + \alpha))$ となる．

考えられる．つまり，速度 v は位置 r を時間 t について微分したものである．

速度の定義 $$v = \frac{dr}{dt} \tag{1.25}$$

これが具体的にどのようなベクトルになっているかを見るために，r の成分表示 (1.22) を式 (1.24) の右辺に代入してみよう．

$$\begin{aligned}
v(t) &= \lim_{\Delta t \to 0} \frac{r(t+\Delta t) - r(t)}{\Delta t} \\
&= \lim_{\Delta t \to 0} \frac{1}{\Delta t}\Big[\big(x(t+\Delta t), y(t+\Delta t)\big) - \big(x(t), y(t)\big)\Big] \\
&= \lim_{\Delta t \to 0} \left(\frac{x(t+\Delta t) - x(t)}{\Delta t}, \frac{y(t+\Delta t) - y(t)}{\Delta t}\right) \\
&= \left(\frac{d}{dt}x(t), \frac{d}{dt}y(t)\right)
\end{aligned} \tag{1.26}$$

このように，時間に依存するベクトル量の微分を行うには，各成分毎に微分を計算すればよい．

直線上の運動の場合と同様に，**速さ**とは速度の大きさのことである．ただし，今の場合，速度はベクトルなので，大きさはベクトルとしての長さ $v = |v|$ を意味する．

$$v = |v| = \sqrt{v \cdot v} = \sqrt{v_x^2 + v_y^2} \tag{1.27}$$

ここで，$\cdot$ はベクトルの内積，v_x, v_y はそれぞれ速度の x 成分，y 成分である．

例 1.8 等速円運動の速度 例 1.7 の等速円運動 (1.23) について速度 v を求めてみよう．式 (1.23) を速度の定義 (1.25) に代入すると

$$v = \frac{d}{dt}(r\cos\omega t, r\sin\omega t) = (-r\omega\sin\omega t, r\omega\cos\omega t) = r\omega(-\sin\omega t, \cos\omega t) \tag{1.28}$$

という結果が得られる．このとき，速度 v と位置ベクトル r の内積は

$$v \cdot r = r^2\omega(-\sin\omega t \cos\omega t + \cos\omega t \sin\omega t) = 0 \tag{1.29}$$

となることから，v は r と常に直交している．つまり，速度 v は円の接線方向を向いたベクトルである（図 1.5）．速さ $v = |v|$ は式 (1.27) より

$$v = \sqrt{(-r\omega\sin\omega t)^2 + (r\omega\cos\omega t)^2} = \sqrt{r^2\omega^2} = r|\omega| \tag{1.30}$$

§1.2 平面内の運動

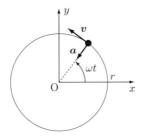

図 1.5 xy 平面内で等速円運動する質点の速度 $\boldsymbol{v}$ と加速度 $\boldsymbol{a}$. $\boldsymbol{v}$ は円の接線方向を向き，大きさが $r|\omega|$ のベクトルである．$\boldsymbol{a}$ は円の中心方向を向き，大きさが $r\omega^2$ のベクトルである．

と求まる．ω が定数だから v も一定であり，確かに「等速」円運動となっていることがわかる．■

直線上の運動の場合と同様に，単位時間あたりの速度の変化量（速度の変化率）として**加速度**が定義される．速度が位置を時間について微分したものであったように，加速度 $\boldsymbol{a}$ は速度 $\boldsymbol{v}$ を時間 t について微分したものである．

$$\text{加速度の定義} \quad \boldsymbol{a} = \frac{d\boldsymbol{v}}{dt} = \frac{d^2\boldsymbol{r}}{dt^2} \tag{1.31}$$

速度がベクトルなので，それを微分した加速度もベクトルである．

例 1.9　等速円運動の加速度　例 1.7 の等速円運動の速度は式 (1.28) で与えられる．加速度 $\boldsymbol{a}$ はこれを時間 t で微分すればよいので

$$\boldsymbol{a} = \frac{d}{dt}(-r\omega\sin\omega t, r\omega\cos\omega t) = (-r\omega^2\cos\omega t, -r\omega^2\sin\omega t) = -\omega^2\boldsymbol{r} \tag{1.32}$$

となる．（$\omega \neq 0$ ならば）$-\omega^2 < 0$ だから，加速度 $\boldsymbol{a}$ は位置ベクトル $\boldsymbol{r}$ とちょうど逆の方向（質点から見て円の中心の方向）を向いている．（したがって，**向心加速度**とよばれる．図 1.5 参照．）加速度の大きさ $a = |\boldsymbol{a}|$ は

$$a = |\boldsymbol{a}| = |-\omega^2\boldsymbol{r}| = \omega^2|\boldsymbol{r}| = r\omega^2 \tag{1.33}$$

となり，時間によらず一定である．■

問題

1.1 x 軸上を運動する質点の位置が時間 t の関数として

$$x(t) = \frac{1}{2}gt^2 - Vt \quad (g, V \text{ は正の定数})$$

と与えられているとき，以下の問いに答えよ．
(1) 速度 $v(t)$，加速度 $a(t)$ を求めよ．
(2) x, v, a のグラフを $t \geq 0$ の範囲で描け．

1.2 x 軸上を運動する質点について以下の問いに答えよ．
(1) 速度が $v(t) = bt + V$ (b, V は定数) と与えられているとき，加速度 $a(t)$ および位置 $x(t)$ を求めよ．ただし，$x(0) = 0$ とする．
(2) 位置が $x(t) = A\sin\omega t$ (A, ω は定数) と与えられているとき，速度 $v(t)$ および加速度 $a(t)$ を求めよ．

1.3 xy 平面の原点を中心とする半径 R の円周上を運動する質点を考える．質点の位置ベクトル $\boldsymbol{r}$ が x 軸となす角 θ が時間 t の関数として $\theta(t) = \alpha t^2 + \beta t$ (α, β は定数) と与えられているとき，以下の問いに答えよ．
(1) 質点の位置ベクトル $\boldsymbol{r}(t)$ を与えよ．
(2) 質点の速度 $\boldsymbol{v}(t)$，速さ $v(t) = |\boldsymbol{v}(t)|$ を求めよ．
(3) 加速度 $\boldsymbol{a}(t)$ を求めよ．
(4) 加速度 $\boldsymbol{a}(t)$ がつねに円の中心方向を向くのはどのような場合か答えよ．

第 2 章

運動の法則

力学の基本法則であるニュートンの運動方程式を導入し，一様な重力のもとで落下する物体を例に，運動方程式から物体の運動が定まる過程を解説する．

---- 目的 ----
- 運動方程式が物体の運動を定める式（力学の基本法則）であることを理解する．
- 一様な重力のもとでの落体の運動を運動方程式から求める．

§2.1 運動方程式

なめらかな水平面上に静止している物体を押すと物体は動き出す．力学ではこれを物体に**力**がはたらいたためと考える．このことをもう少し正確に表現することを考えてみよう．

【参考】日常生活では様々な意味で「力」という言葉が使われているが，力学では物体に作用して物体の運動の状態を変える原因となるもののことを指す． □

静止している物体の速度はゼロであり，動き出した物体の速度は当然ゼロではない．つまり，力を加えることにより，物体の速度に変化が現れる．速度の変化があるということは加速度（速度の変化率）がゼロでないことを意味するから，力によって物体の加速度が生じているとも言える．

また，同じように押したとしても，小さな（または「軽い」）物体は動きやすく，大きな（または「重い」）物体は動かしにくい．これは，同じ力を加えたとしても，生じる加速度の大きさは物体を構成する物質の量（**質量**）に依存し，物体の質量が小さいほど大きく，逆に質量が大きいほど小さくなることを意味している．

このような運動の性質は，物体の質量 m，加速度 $\boldsymbol{a}$ と物体にはたらく力 $\boldsymbol{F}$ の間に次のような関係があると考えれば説明できる．

運動方程式 $\quad m\boldsymbol{a} = \boldsymbol{F}$ \hfill (2.1)

この式を**運動方程式**といい，力学ではこれを基本法則として様々な現象を説明しようとする．実際，身の回りの現象から天体の運動まで，実に様々な現象がこの簡単な式から説明できる[*1]．

（速度，加速度と同様に）力は向きと大きさを持った量だからベクトルである．ただし，運動が直線上でのみ起こる場合には，方向が一つしかないので，加速度，力ともに（成分を持たない）単なる数として扱ってもよい．

【参考】運動方程式 (2.1) は力学の基本法則（ニュートンの運動の法則）を構成する3つの法則のうちの一つである．ニュートンの運動の法則は次の3つの法則からなる：慣性の法則（第1法則），運動方程式（第2法則），作用・反作用の法則（第3法則）．第1法則の内容と解釈はやや哲学的になるのでここでは触れない．第3法則については質点系（複数の質点からなる系）の運動との関連で第7章で述べる． □

運動方程式 (2.1) は物体の加速度が物体にかかる力で定まるという式である．したがって，運動方程式を使って物体の運動を議論するためには，物体にどのような力が作用しているかを知る必要がある．具体的な力としては例えば以下のようなものがある．

重力 地表付近で物体にはたらく重力は地面からの高さによらず一定とみなすことができる．その大きさは物体の質量 m に比例し，mg と表される．ここで g は正の定数であり，**重力加速度の大きさ**と呼ばれる．

ばねの力 一端を固定したばねに物体を取り付け物体を引く．このとき物体にはばねから元の位置に戻そうとする力（復元力）がはたらく．伸びがあまり大きくないならば復元力の大きさはばねの伸び x に比例すると考えてよいだろう．この比例定数（**ばね定数**と呼ばれる）を k とすると，

[*1] ただし，適用限界もある．光の速さ（光速）に近い運動を扱う際には相対性理論による修正が必要になる．また，原子や分子など，微小なスケールの対象を扱うには，まったく異なる理論体系である量子力学が必要になる．

ばねによる力の大きさは kx と書ける．

摩擦力 水平な面の上で物体をすべらせると，物体は次第に減速し，最終的に静止する．これは面から物体に対して，物体の動きを妨げるような力（動摩擦力）がはたらいているためである．

【参考】 動摩擦力の「動」は物体が面に対して運動している（すべっている）ことを表している．水平面上の物体を押しても，押す力があまり強くなければ物体は動き出さない．これは，面から物体に対して，物体が動き出すのを妨げる力がはたらいているためである．これも摩擦力の一種であり，静止摩擦力と呼ばれる． □

物体に複数の力 $\boldsymbol{F}_1, \boldsymbol{F}_2, \ldots$ がはたらいているときには，物体が感じる力 $\boldsymbol{F}$ はそれらの（ベクトルとしての）和

$$\boldsymbol{F} = \boldsymbol{F}_1 + \boldsymbol{F}_2 + \cdots \tag{2.2}$$

で与えられる[*2]．$\boldsymbol{F}$ を $\boldsymbol{F}_1, \boldsymbol{F}_2, \ldots$ の**合力**という．

運動方程式 (2.1) から物体の運動がどのように定まるかを見るために，最も簡単な場合として，物体が直線上を運動し，かつ物体に力がはたらいていない場合を考えてみよう．摩擦の無視できる平面上（例えば氷の上）で物体がすべるといった状況である．物体が運動する直線に沿って x 軸を取り，物体の位置を座標 x で表す．定義 (1.8) より，物体の加速度 a（直線上の運動なのでベクトルではなく数と考えてよい）は x を時間 t で 2 回微分したものだから，運動方程式 (2.1) は次のように表される．

$$m\frac{d^2 x}{dt^2} = 0 \tag{2.3}$$

この式の両辺を m で割ると

$$\frac{d^2 x}{dt^2} = 0 \tag{2.4}$$

となる．2 回微分してゼロになる t の関数は明らかに t の 1 次関数に限られるから，関数 $x(t)$ は次のような形に書ける．（または，式 (2.4) を t について

[*2] これはけっして自明なことではなく，要請または原理と考えるべきものである．

2回積分したと考えてもよい．）

$$x(t) = Ct + C' \quad (C, C' \text{ は定数}) \tag{2.5}$$

これは t の1次式だから，例 1.1 の等速直線運動である．つまり，運動方程式 (2.1) により，力がはたらかないときの物体の運動が等速直線運動になるということが導かれたわけである．

このように，運動方程式を満たすためには，物体の位置 $x(t)$ として勝手な関数を取ることはできない．この意味で，運動方程式は物体の運動を定める式となっている．（式 (2.5) のような）運動方程式を満たす関数のことを**運動方程式の解**といい，運動方程式の解を求めることを**運動方程式を解く**という．

【参考】 以上の過程は，代数方程式 $x^2 - 1 = 0$ から解 $x = \pm 1$ を得るのと似ている．代数方程式に対応するのが運動方程式であり，未知数 x には関数 $x(t)$，解 $x = \pm 1$ には式 (2.5) が対応する．$x = \pm 1$ 以外の数が方程式 $x^2 - 1 = 0$ を満たさないように，式 (2.5) 以外の関数（例えば $x(t) = t^3$）は運動方程式 (2.3) を満たさない．つまり，代数方程式が未知数 x の値を定めているのと同様に，運動方程式は未知関数 $x(t)$ の関数形（つまり，物体の運動）を定めているわけである[*3]． □

解 (2.5) は2つの任意定数 C, C' を含んでおり，関数の形は完全には定まっていない．以下に見るように，これら2つの定数は運動開始時 $(t = 0)$ における位置，速度と関係している．

例題 2.1 x 軸上を質量 m の質点がどこからも力を受けずに運動している．時刻 $t = 0$ における質点の位置が 0，速度が V のとき，その後の運動を時間の関数として求めよ．

[解] 運動方程式 (2.3) より解は式 (2.5) で与えられる．これに $t = 0$ を代入して，$x(0) = C' = 0$ を得る．一方，速度が $v(t) = \dfrac{d}{dt}(Ct + C') = C$ となることから，$v(0) = C = V$ である．以上より，求める質点の運動は $x(t) = Ct + C' = Vt$ となる． ∎

運動をどの位置からどのような速度で開始するかは運動するもの（または，させるもの）の勝手であって，物理法則（運動方程式）から定まるものではな

[*3] 運動方程式のように，未知関数の導関数を含む方程式のことを数学では**微分方程式**という．

い．これに対応して，運動方程式の解は運動開始時における位置と速度に対応する2つの任意定数を必ず含む．このような任意定数を含む解（正確には解の全体）を**一般解**といい，任意定数に特定の値を代入して得られる個々の解を**特殊解**という．上の例題 2.1 で見たように，一般解に現れる定数の値を定めるには運動開始時における位置および速度の値を与えればよい．この「運動開始時における位置および速度の値」のことを運動の**初期条件**という．

力を受けずに運動する物体の場合，解 (2.5) は2つの任意定数 C, C' を含むので運動方程式 (2.3) の一般解である．一方，例題 2.1 で求めた解 $x(t) = Vt$ は任意定数を含まない（定数 V は与えられている量なので任意ではない）ので，運動方程式 (2.3) の特殊解である．また，このとき使った条件 $x(0) = 0, v(0) = V$ が初期条件である．

物体が静止し続けているとき，物体の速度はゼロで一定だから加速度もゼロである．このとき，運動方程式 (2.1) より，物体にはたらく力はゼロとならなければならない．つまり，物体が静止し続けているならば，それにはたらく力（の総和）は必ずゼロである．これを**力のつりあい**という．一方，上で見たように，この逆は成り立たない．力がゼロでも物体が移動する（ゼロでない一定の速度を持つ）ことは可能である．力によって生じるのは物体の加速度（速度の変化率）であって，速度そのものではないからである．

§2.2 落体の運動

一般に，運動方程式から物体の運動を求めるには次のような手順をふめばよい．

(1) 適当な座標を取る．

(2) 物体にはたらく力をすべて書き出す．
- 物体が他の物体と接していれば，接している箇所に力がはたらく．
- 接していない場合でもはたらく力がある．（重力，静電力，など．）

(3) 運動方程式を立てる．

(4) 運動方程式の一般解を求める．

(5) 初期条件を満たす特殊解を求める．

以下では，一様な重力のもとでの物体の運動を例に，この手順を具体的に見ていくことにする．

§2.2.1 鉛直方向のみに運動する場合

まず，物体の運動が鉛直方向に限られる場合を考える（図 2.1）．運動する方向が一方向（つまり，直線上の運動）なので，座標は一つでよい．そこで鉛直上向きに y 軸を取る．（x は水平方向を表すために残しておく．）このとき物体の加速度は定義 (1.8) より $\dfrac{d^2 y}{dt^2}$ と表される．また，12 ページで述べたように，重力加速度の大きさを g として，物体には鉛直下向き（y 軸の負の向き）に大きさ mg の重力がはたらいている．物体と接する他の物体はないので，（空気等による抵抗を考えなければ）物体にはたらく力は重力のみである．以上より，物体の運動方程式は次のようになる．

$$m\frac{d^2 y}{dt^2} = -mg \tag{2.6}$$

右辺のマイナスは重力が鉛直下向き（y 軸の負の向き）にはたらくことを表している．この式の両辺を質量 m で割ると

$$\frac{d^2 y}{dt^2} = -g \tag{2.7}$$

となる．この式は物体の加速度が $-g$ で一定であること，つまり，一様な重力のもとで運動する物体は大きさ g の等加速度運動をすることを表している．（これが，定数 g を重力加速度の大きさと呼ぶ理由である．）

式 (2.7) を満たす最も一般的な関数 $y(t)$ を求めるには，両辺を t について 2 回積分すればよい[*4]．

$$y(t) = -\frac{1}{2}g t^2 + Ct + C' \quad (C, C' \text{ は定数}) \tag{2.8}$$

[*4] これは運動方程式の右辺が未知関数 $y(t)$ を含まないからできることである．右辺が未知関数を含む場合の扱いについてはこの後の §2.2.2 および第 3 章を参照のこと．

§2.2 落体の運動

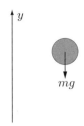

図 2.1 一様な重力のもとで鉛直方向に運動する物体.

この式は 2 つの任意定数（積分定数）C, C' を含むので，運動方程式 (2.6) の一般解である．物体の速度 $v(t)$ は（定義 (1.5) より）式 (2.8) を t で微分して

$$v(t) = \frac{d}{dt}\left(-\frac{1}{2}gt^2 + Ct + C'\right) = -gt + C \tag{2.9}$$

で与えられる．定数 C, C' の値は，次の例題のように初期条件から定めることができる．

例題 2.2 質量 m のボールを時刻 $t = 0$ に速度 V で真上に投げた．投げ上げた地点を原点として鉛直上向きに y 軸を取り，その後のボールの運動を求めよ．また，ボールが最高点に達する時刻 T およびそのときの高さ H を求めよ．ただし，重力加速度の大きさを g とする．

[解]　運動方程式 (2.6) より一般解は式 (2.8) となることがわかるので，あとは初期条件 $y(0) = 0, v(0) = V$ を満たすように定数 C, C' を定めればよい．まず，式 (2.8) に $t = 0$ を代入して，$y(0) = C' = 0$ を得る．速度 v についても同様に式 (2.9) より $v(0) = C = V$ であることがわかる．以上より，求める質点の運動は $y(t) = -\frac{1}{2}gt^2 + Vt$ となる．最高点では速度はゼロとなるので，$v(T) = -gT + V = 0$ より $T = V/g$．したがって，$H = y(T) = -\frac{1}{2}g(V/g)^2 + V(V/g) = \frac{V^2}{2g}$ となる．　■

このように，初期条件が与えられれば，その後の物体の運動は運動方程式によって完全に決定される．

§2.2.2 空気抵抗の影響*

続いて，重力に加えて速度に比例する空気抵抗[*5]がはたらく場合を考える（図 2.2）．物体にはたらく力は重力と抵抗力の合力なので，運動方程式は重力のみの場合の式 (2.6) の右辺に抵抗力を加えたもので与えられる．

$$m\frac{d^2y}{dt^2} = -mg - R\frac{dy}{dt} \tag{2.10}$$

ここで，R は抵抗の強さを表す正の定数である．右辺第 2 項にマイナスがついているのは，抵抗力が進行方向（速度の向き）と逆向きにはたらくことを表している．速度 $v = \dfrac{dy}{dt}$ を使って表すと，式 (2.10) は

$$m\frac{dv}{dt} = -mg - Rv \tag{2.11}$$

とも書ける．

重力のみの場合の式 (2.6) と違って，運動方程式 (2.11) はそのまま積分できる形にはなっていない．（右辺に含まれる $v(t)$ の関数形がわからないため，そのままの形では積分が実行できない．）しかし，少し工夫すれば次のような解を求めることができる．（計算の詳細は以下の【参考】を参照．）

$$v(t) = -v_\infty + (v_\infty + v(0))e^{-\frac{R}{m}t}, \quad v_\infty = \frac{mg}{R} \tag{2.12}$$

式 (2.12) を運動方程式 (2.11) に代入すると

$$\begin{aligned}(2.11) \text{ の左辺} &= m\frac{d}{dt}\left[-v_\infty + (v_\infty + v(0))e^{-\frac{R}{m}t}\right] = -R(v_\infty + v(0))e^{-\frac{R}{m}t} \\ &= -mg - R\left[-v_\infty + (v_\infty + v(0))e^{-\frac{R}{m}t}\right] = (2.11) \text{ の右辺}\end{aligned} \tag{2.13}$$

となり，式 (2.11) を満たしていることがわかる．つまり，式 (2.12) は確かに運動方程式 (2.11) の解である．位置 y については，解 (2.12) を t について積

[*5] 運動する物体にはたらく空気抵抗には，大きさが物体の速さに比例するもの（粘性抵抗）と速さの 2 乗に比例するもの（慣性抵抗）がある．話を簡単にするため，ここでは粘性抵抗のみを扱う．

§2.2 落体の運動

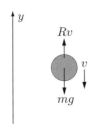

図2.2 速度に比例する空気抵抗を受けながら落下する物体．

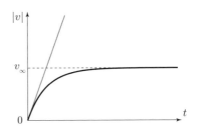

図2.3 速度に比例する空気抵抗を受けながら落下する物体の速さ $|v(t)|$ のグラフ（初期条件 $v(0) = 0$）．直線は空気抵抗がない場合の様子．

分することにより，

$$y(t) = y(0) - v_\infty t + \frac{m}{R}\bigl(v_\infty + v(0)\bigr)\left(1 - e^{-\frac{R}{m}t}\right) \tag{2.14}$$

となることがわかる．

【参考】 解 (2.12) は以下のような手続きで求めることができる．まず，物体の加速度 $\dfrac{dv}{dt}$ を微小な時間間隔 dt とその間の速度 v の変化 dv の比（dv 割る dt）と見なす．運動方程式 (2.11) の両辺に dt をかけて整理すると

$$\frac{mdv}{mg + Rv} = -dt \tag{2.15}$$

という形になる．この式には2つの変数 t および v が含まれているが，v は左辺のみ，t は右辺のみと両辺に分かれている．そのため，次のように両辺を独立に積分することができる．

$$\begin{aligned}
\int \frac{mdv}{mg + Rv} &= -\int dt \\
\frac{m}{R}\log(mg + Rv) &= -t + C \quad (C \text{ は積分定数}) \\
mg + Rv &= e^{-\frac{R}{m}(t-C)} \\
v &= \frac{1}{R}\bigl(-mg + e^{-\frac{R}{m}(t-C)}\bigr) = -v_\infty + A\, e^{-\frac{R}{m}t}
\end{aligned} \tag{2.16}$$

最後の式では $\dfrac{1}{R}e^{\frac{R}{m}C} = A$ とおいた．$t = 0$ を代入すると $v(0) = -v_\infty + A$ となるから $A = v_\infty + v(0)$．これをもとの式に戻したものが解 (2.12) である． □

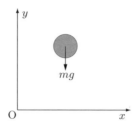

図 2.4　一様な重力のもとで鉛直平面内を運動する物体.

式 (2.9) からわかるように，空気抵抗が無い場合，落下する物体の速さは一定の割合で増加し，上限はない．一方，解 (2.12) は，空気抵抗のため，かなり異なった振る舞いを示す．実際，$t \to \infty$ のとき，$e^{-\frac{R}{m}t} \to 0$ であるから $v \to -v_\infty$ となる．すなわち，時間がたつと速さ $|v|$ は一定値 v_∞ に近づいていく（図 2.3 参照）．これは速度が増加すると空気抵抗も増し，しまいには重力と相殺して物体にはたらく力が 0 となるからである．

§2.2.3　鉛直平面内の運動

最後に，物体が鉛直方向だけでなく水平方向にも運動する場合を考える（図 2.4）．水平方向に x 軸，鉛直上向きに y 軸を取り，運動を xy 平面内で表すことにする．

ここまでの例では直線上の運動のみ考えていたため，加速度や力は単なる数と考えて問題なかった．今の場合，運動は平面内で起こるため，加速度，力ともにベクトルとして考える必要がある．加速度 $\boldsymbol{a}$ は定義 (1.31) より次のようなベクトルである．

$$\boldsymbol{a} = \frac{d^2}{dt^2}(x, y) \tag{2.17}$$

物体にはたらく重力 $\boldsymbol{F}$ は大きさ mg で鉛直下向き（y 軸の負の向き）だから

$$\boldsymbol{F} = (0, -mg) \tag{2.18}$$

と表される．以上より物体の運動方程式は次のようになる．

$$m\frac{d^2}{dt^2}(x, y) = (0, -mg) \tag{2.19}$$

§2.2 落体の運動

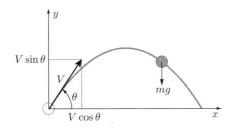

図 2.5　鉛直平面内の原点から速さ V, 投射角 θ で投げ出された物体の運動．物体の軌跡は放物線になる．

両辺を m で割り，成分毎に書けば

$$\frac{d^2x}{dt^2} = 0, \quad \frac{d^2y}{dt^2} = -g \tag{2.20}$$

となる．これら2つの式は，それぞれ式 (2.4), 式 (2.7) と同じものであるから，一般解も同じ形になる．つまり，(両辺を t について2回積分して) 一般解は次のように書ける．

$$x(t) = Ct + C', \quad y(t) = -\frac{1}{2}gt^2 + Dt + D' \quad (C, C', D, D' \text{ は定数}) \tag{2.21}$$

また，速度 $\boldsymbol{v}$ は定義 (1.25) より

$$\boldsymbol{v}(t) = \frac{d}{dt}(Ct + C', -\frac{1}{2}gt^2 + Dt + D') = (C, -gt + D) \tag{2.22}$$

と表されることもわかる．

　物体の運動の様子を見るために，物体の軌跡を求めてみよう．話を具体的にするために，時刻 $t = 0$ に原点から速さ V で物体を投げ出す場合を考える (図 2.5)．投げ出す方向が水平方向となす角度（投射角）を θ とすると，初期条件は

$$(x(0), y(0)) = (0, 0), \quad (x'(0), y'(0)) = (V\cos\theta, V\sin\theta) \tag{2.23}$$

と与えられる．式 (2.21), (2.22) に $t = 0$ を代入すると

$$(x(0), y(0)) = (C', D'), \quad (x'(0), y'(0)) = (C, D) \tag{2.24}$$

となるから，初期条件 (2.23) は $C' = 0, D' = 0, C = V\cos\theta, D = V\sin\theta$ を意味する．これを一般解 (2.21) に戻すと

$$x(t) = Vt\cos\theta, \quad y(t) = -\frac{1}{2}gt^2 + Vt\sin\theta \qquad (2.25)$$

という結果（特殊解）が得られる．物体の軌跡を求めるにはこの式から時間 t を消去すればよい．x の式を使って t を x で表し，結果を y の式に代入すると次の式を得る．

$$y = -\frac{g}{2V^2\cos^2\theta}x^2 + x\tan\theta \qquad (2.26)$$

つまり，物体の軌跡は鉛直平面内で上に凸の2次関数のグラフ（放物線）を描くということがわかった[*6]．

例題 2.3 地上から速さ V，投射角 θ でボールを投げ上げた．ボールが地面に落下するまでの時間 T，落下地点までの水平距離 L を求めよ．ボールが最も遠くまで届くようにするためには θ をどのように選べばよいか？
[解] ボールの運動は式 (2.25) で与えられる．$y(T) = 0 \, (T \neq 0)$ より $T = (2V/g)\sin\theta$ を得る．水平到達距離 L は $t = T$ における x 座標に等しいので

$$L = x(T) = \frac{2V^2}{g}\sin\theta\cos\theta = \frac{V^2}{g}\sin 2\theta \qquad (2.27)$$

となる．（軌道の式 (2.26) で $y = 0$ となる $x(\neq 0)$ を求めてもよい．）L が最大となるのは $\sin 2\theta = 1$，つまり $\theta = \pi/4$ のときである． ∎

例 2.4 花火の形 打ち上げ花火を多数の小球（火薬の玉）が集まったものと考える．打ち上げられた花火は最高到達点に達した後，爆発し，花火を構成する小球は光を発しながら様々な方向に飛び散る．すべての小球が飛び散る速さが V で等しいとすると，爆発の時刻を $t = 0$，爆発の位置を原点として，爆発後の小球の運動は式 (2.25) で与えられる．ある時刻 t において花火がどのように見えるかを調べるために，式 (2.25) から小球の射出角 θ を消去する．

[*6] これが2次関数のグラフを放物線と呼ぶ理由である．

恒等式 $\cos^2\theta + \sin^2\theta = 1$ より

$$x(t)^2 + \left(y(t) + \frac{1}{2}gt^2\right)^2 = (Vt)^2 \tag{2.28}$$

を得る．この式は，時刻 t において，すべての小球が点 $(0, -\frac{1}{2}gt^2)$ を中心とする半径 Vt の円上（3次元で考えれば球面上）にあることを示している．つまり，花火は中心が初速 0 で落下し，半径が時間に比例して増大する円（球）に見えることになる．（この結果は実際の花火の印象と一致しているだろうか？）　∎

問　題

2.1 水平面上を一定の摩擦力（大きさ f）をうけてすべる質量 m の物体を考える．
(1) 物体の運動方向を x 軸の正の向きに取り，物体の運動方程式を与えよ．
(2) 運動方程式の一般解を求めよ．
(3) 初期条件 $x(0) = 0, x'(0) = V$ を満たす解を求めよ．
(4) (3) の場合について，$t = 0$ から停止するまでに物体が移動する距離を求めよ．

2.2 地上から垂直にボールを投げ上げたところ，ボールは最高点 P で静止し，その後，地上に落下した．ボールが点 P にあるときボールにはどのような力がはたらいているか答えよ．

2.3 長さ l のひもの端に質量 m のおもりを取り付け，もう一方の端を持って水平に振り回したところ，おもりは右図のように円を描いて水平面内で運動した．

(1) おもりの速さが v で一定のとき，おもりにはたらいている力の向きと大きさを求めよ．
(2) おもりが図の位置にあるときにひもを放すと，おもりは遠方に飛んでいった．おもりが飛び去った方向を答えよ．

第3章

単振動

運動方程式を使って運動を求める問題の例として，ばねにつながれた物体の運動を取り上げ，運動が一つの三角関数で表される振動（単振動）となることを見る．

目的

- ばねにつながれた物体の運動方程式の解として単振動が現れることを理解する．
- 初期条件から運動を具体的に求めることができるようになる．

---

§3.1 運動方程式と解

一端を固定したばね（ばね定数 k）に質量 m の物体を取り付け，滑らかな面の上で直線的に運動させる（図 3.1）．つりあいの位置（ばねが伸びていないとき．このときのばねの長さを**自然長**という．）を原点としてばねが伸びる方向に x 軸をとり，物体の位置を座標 x で表す．このときばねの伸びは x である．（$x<0$ はばねが縮んでいることに対応する．）ばねによる力 F は大きさがばねの伸びの k 倍，向きはばねの伸びと逆向きであるから

$$F = -kx \tag{3.1}$$

と書ける．（直線上の運動であるから力はベクトルではなく数として扱ってよい．）ここで，右辺のマイナスはばねによる力が伸びと逆方向にはたらく（復元力）ということを表している．実際，ばねが伸びているとき（$x>0$）には $-kx<0$ だからばねによる力は左向きであり，ばねが縮んでいるとき（$x<0$）には $-kx>0$ となり，ばねによる力は右向きとなる（図 3.2）．

【参考】どのような x に対しても式 (3.1) が厳密に成立するようなばねは実際には

§3.1 運動方程式と解

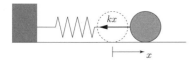

図 3.1 ばね定数 k のばねにつながれた物体．つりあいの位置を原点としてばねが伸びる方向に x 軸をとると，物体にはたらく力 F は $F = -kx$ と表される．

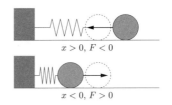

図 3.2 ばねによる力 (3.1) は物体をつりあいの位置に戻そうとする向きにはたらく．

存在しない．式 (3.1) はばねの伸び（縮み）が十分小さい範囲で成り立つ近似式（または理想化）と考えるべきである．(§5.3 も参照のこと．) □

物体の加速度は $\dfrac{d^2x}{dt^2}$ であるから，運動方程式は次のようになる．

$$m\frac{d^2x}{dt^2} = -kx \tag{3.2}$$

両辺を m で割ると

$$\frac{d^2x}{dt^2} = -\omega^2 x, \quad \omega = \sqrt{\frac{k}{m}} \tag{3.3}$$

とも書ける．k, m ともに定数だから，ここで導入した ω も（正の）定数である．

ばねにつながれた物体の運動を求めるには，運動方程式 (3.3) を満たす関数 $x(t)$ を見つければよいのだが，重力のみのもとで落下する物体の場合の式 (2.7) と異なり，式 (3.3) はそのままの形で積分することはできない．（右辺の未知関数 $x(t)$ の関数形がわからないままでは $\int x(t)dt$ は計算できない．) それでも解くことはできて，運動方程式 (3.3) を満たす最も一般的な関数（一般解）は次のような形になることがわかる．

$$x(t) = A\sin(\omega t + \alpha) \quad (A, \alpha \text{ は定数}) \tag{3.4}$$

(導出については以下の【参考】を参照のこと．) この式の右辺は三角関数の加法定理を使うと

$$A\sin(\omega t + \alpha) = A\sin\alpha\cos\omega t + A\cos\alpha\sin\omega t \tag{3.5}$$

と表すこともできる．したがって，$B = A\sin\alpha, C = A\cos\alpha$ とおくことにより，一般解 (3.4) を次のような形に書くこともできる．

$$x(t) = B\cos\omega t + C\sin\omega t \quad (B, C \text{ は定数}) \tag{3.6}$$

式 (3.4) が方程式 (3.3) の一般解となっていることを確認しておこう．まず，式 (3.4) の関数 $x(t)$ を方程式 (3.3) に代入すると

$$\begin{aligned}(3.3) \text{ の左辺} &= \frac{d^2}{dt^2}\Big(A\sin(\omega t + \alpha)\Big) = -A\omega^2 \sin(\omega t + \alpha) \\ (3.3) \text{ の右辺} &= -A\omega^2 \sin(\omega t + \alpha)\end{aligned} \tag{3.7}$$

となり，「(3.3) の左辺=(3.3) の右辺」が成り立っているから，式 (3.4) は方程式 (3.3) の解である．さらに，解 (3.4) は（初期条件に対応する）2つの任意定数 A, α を含んでいるから，方程式 (3.3) の一般解である．

【参考】 運動方程式 (3.3) の一般解 (3.4) は以下のように求めることができる．最初に

$$\mathcal{E} = \frac{1}{2}\left(\frac{dx}{dt}\right)^2 + \frac{1}{2}\omega^2 x^2 \tag{3.8}$$

という量を考える[*1]．この量を時間 t で微分すると次のようになる．

$$\frac{d\mathcal{E}}{dt} = \frac{d}{dt}\left[\frac{1}{2}\left(\frac{dx}{dt}\right)^2\right] + \frac{d}{dt}\left[\frac{1}{2}\omega^2 x^2\right] = \frac{dx}{dt}\frac{d^2x}{dt^2} + \omega^2 x \frac{dx}{dt} = \frac{dx}{dt}\left(\frac{d^2x}{dt^2} + \omega^2 x\right) \tag{3.9}$$

右辺の括弧の中は運動方程式 (3.3) よりゼロとなるから $\mathcal{E}$ の時間微分はゼロ，つまり $\mathcal{E}$ は定数である．

式 (3.8) は，点 $(\frac{dx}{dt}, \omega x)$ が半径 $\sqrt{2\mathcal{E}}$ の円周上にあることを表している．したがって，x および $\frac{dx}{dt}$ はパラメーター θ を使って

$$x = \frac{\sqrt{2\mathcal{E}}}{\omega}\sin\theta, \quad \frac{dx}{dt} = \sqrt{2\mathcal{E}}\cos\theta, \tag{3.10}$$

と表すことができる．この第1式を t で微分すると，$\mathcal{E}$ が定数であることから，

$$\frac{dx}{dt} = \frac{\sqrt{2\mathcal{E}}}{\omega}\frac{d}{dt}\sin\theta = \frac{\sqrt{2\mathcal{E}}}{\omega}\frac{d\theta}{dt}\frac{d}{d\theta}\sin\theta = \frac{\sqrt{2\mathcal{E}}}{\omega}\frac{d\theta}{dt}\cos\theta \tag{3.11}$$

となる．これを (3.10) の第2式と比較して次の結果を得る．

$$\frac{d\theta}{dt} = \omega \tag{3.12}$$

[*1] §5.1 で見るように，$\mathcal{E}$ は物体のエネルギーを物体の質量 m で割ったものである．

§3.1 運動方程式と解   27

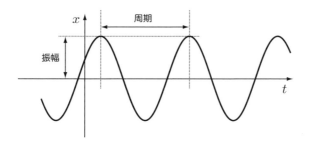

図 3.3 ばねにつながれた物体の運動（単振動）のグラフ．

ω は定数であるから，この式を満たす最も一般的な θ は

$$\theta = \omega t + \alpha \quad (\alpha \text{ は定数}) \tag{3.13}$$

となる．この結果を (3.10) の第 1 式に代入し $\sqrt{2\mathcal{E}}/\omega = A$ とおいたものが解 (3.4) である． □

一般解 (3.4) は $x = 0$ のまわりの周期的な運動（振動）を表している（図 3.3）．一口に振動といってもいろいろな振動の形（関数形）が考えられるが，式 (3.4) の振動は一つの三角関数のみで表される最も単純な振動なので**単振動**と呼ばれる[*2]．単振動の**周期**（運動の状態が元に戻るまでの時間）を T とすると，三角関数の周期が 2π であることから $\omega T = 2\pi$ である．したがって周期 T は

$$T = \frac{2\pi}{\omega} = 2\pi\sqrt{\frac{m}{k}} \tag{3.14}$$

と表される．定数 ω は振動の速さを表しており，単振動の**角振動数**と呼ばれる[*3]．また，振動の中心 $x = 0$ からはかった振動の幅 A を**振幅**という．

例題 3.1 質量 m の質点をばね定数 k のばねに取り付けて運動させた．ばねの伸びを x とするとき，以下の初期条件を満たす運動を求めよ．
(i) $x(0) = a, x'(0) = 0$　(ii) $x(0) = 0, x'(0) = V$．

[*2] 一般の振動は振動数の異なる複数（一般に無限個）の三角関数の和（重ね合わせ）で表すことができる．（フーリエ展開という．）

[*3] 振動数（1 秒間に振動する回数）f は $f = 1/T = \omega/(2\pi)$ で与えられる．

[解] (i) 運動方程式 (3.2) より，一般解は式 (3.6) で与えられる．速度 v は

$$v(t) = \frac{d}{dt}\Big(B\cos\omega t + C\sin\omega t\Big) = -B\omega\sin\omega t + C\omega\cos\omega t \qquad (3.15)$$

となる．したがって，$x(0) = B$, $v(0) = C\omega$ であり，初期条件より $B = a, C = 0$ を得る．これをもとの式 (3.6) に戻して，$x(t) = a\cos\omega t$ となる．
(ii) 同様の計算により，$x(t) = (V/\omega)\sin\omega t$ となることがわかる．∎

このように，運動方程式に基づいて運動を調べることにより，ばねにつながれた物体の運動は角振動数 $\omega = \sqrt{k/m}$ の単振動となることがわかった．角振動数は物体の質量とばね定数で決まり，振動の振幅によらないことに注意しよう．物体とばねが同じであれば，振幅が大きくても小さくても周期は $T = 2\pi/\omega$ で一定であり，変化することはない．

§3.2 鉛直方向への振動

つり下げたばねに物体（質量 m）を取り付け，鉛直方向に振動させることを考える（図 3.4）．ばねが伸びていない状態（ばねが自然長のとき）を原点として鉛直下向きに x 軸を取ると，運動方程式は次のようになる．

$$m\frac{d^2x}{dt^2} = -kx + mg \qquad (3.16)$$

右辺第 1 項がばねによる復元力，第 2 項は重力である．（x 軸を下向き正に取っているので，重力の符号はプラスになる．）つりあいの位置（物体にはたらく力がゼロとなる位置）は $-kx + mg = 0$ を解いて $x = \dfrac{mg}{k}$ となる．重力により物体は下向きに引かれているため，物体の質量 m に比例した分だけ，ばねが伸びたところでつりあうことになる[*4]．

運動方程式 (3.16) の解を求めるために，まず，右辺を次のように書き直す．

$$m\frac{d^2x}{dt^2} = -k\Big(x - \frac{mg}{k}\Big) \qquad (3.17)$$

[*4] これを利用して質量をはかる装置がばねばかりである．

§3.2 鉛直方向への振動

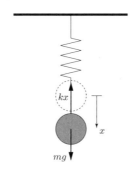

図 3.4 ばね定数 k のばねでつるされた物体（質量 m）．ばねが自然長となる位置を原点として鉛直下方（ばねが伸びる方向）に x 軸をとると，物体にはたらく力 F は $F = -kx + mg$ と表される（g は重力加速度の大きさ）．

右辺の括弧内はつりあいの位置 $x = \dfrac{mg}{k}$ からのずれを表している．これを

$$y = x - \frac{mg}{k} \tag{3.18}$$

とおく．$\dfrac{mg}{k}$ は時間によらない定数だから $\dfrac{d^2 y}{dt^2} = \dfrac{d^2 x}{dt^2}$ となることに注意すると，運動方程式 (3.17) は y を使って

$$m\frac{d^2 y}{dt^2} = -ky \tag{3.19}$$

と書き直せる．これは式 (3.2) と同じ形だから一般解は式 (3.4) と同様に次の式で与えられる．

$$y(t) = A\sin(\omega t + \alpha), \quad \omega = \sqrt{\frac{k}{m}} \quad (A, \alpha \text{ は定数}) \tag{3.20}$$

この結果を式 (3.18) を使って x に戻すと

$$x(t) = \frac{mg}{k} + A\sin(\omega t + \alpha) \tag{3.21}$$

となる．この式は 2 つの任意定数 A, α を含んでいるので運動方程式 (3.16) の一般解である．

一般解 (3.21) は単振動の式 (3.4) に定数 mg/k を加えたものだから，つりあいの位置 $x = \dfrac{mg}{k}$ を中心とする角振動数 $\omega = \sqrt{k/m}$ の単振動を表してい

る．重力は振動の中心をずらしているだけであり，角振動数の値は重力による影響を受けない．

例題 3.2 ばね定数 k のばねに質量 m のおもりを取り付け天井からつり下げる．ばねが自然長になるようにおもりを支え，時刻 $t=0$ に静かに支えをはずしたところおもりは振動を始めた．おもりがはじめて元の位置に戻るまでの時間 t_1，そのときのおもりの速度 v_1 を求めよ．

[解] 運動方程式 (3.16) より，一般解は，B, C を定数として

$$x(t) = \frac{mg}{k} + B\cos\omega t + C\sin\omega t, \quad \omega = \sqrt{\frac{k}{m}} \tag{3.22}$$

と書ける．（ここで，一般解 (3.21) に対して，式 (3.6) と同様の書き換えを行った．）速度 v はこの式を t で微分して

$$v(t) = -B\omega\sin\omega t + C\omega\cos\omega t \tag{3.23}$$

となる．初期条件 $x(0)=0, v(0)=0$ より，$B=-mg/k, C=0$ である．これを一般解 (3.22) に代入して，おもりの運動は次の式で与えられる．

$$x(t) = \frac{mg}{k}(1 - \cos\omega t) \tag{3.24}$$

おもりがはじめて元の位置 $x=0$ に戻るのは一周期後だから $t_1 = 2\pi/\omega = 2\pi\sqrt{\frac{m}{k}}$．速度は $v(t) = \frac{mg}{k}\omega\sin\omega t$ より $v_1 = v(t_1) = 0$ である． ■

問題

3.1 一般解 (3.6) について以下の問いに答えよ．
(1) 定数 B, C を位置，速度の初期値 $x(0), v(0)$ を使って表せ．
(2) 振動の振幅 A，および速さの最大値 $v_{\max}$ を $x(0), v(0)$ を使って表せ．

3.2 床に垂直に立てた中空のパイプの中にばね（ばね定数 k）とおもり（質量 m）を入れ，おもりを鉛直方向に振動させる．ばねが自然長のときを原点として鉛直上向きに x 軸を取り，以下の問いに答えよ．ただし，重力加速度の大きさを g とし，おもりとパイプの内面との摩擦は無視できるものとする．

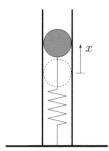

(1) おもりの運動方程式を与えよ．
(2) 運動方程式の一般解を求めよ．
(3) 初期条件 $x(0) = 0$, $x'(0) = 0$ を満たす特殊解を求めよ．

3.3 図のように，ばね定数 k の2つのばねで壁につながれた質量 m の物体を考える．物体が中央にあるとき2つのばねはともに自然長であったとして以下の問いに答えよ．

(1) 物体の運動方程式を与えよ．
(2) 運動方程式の一般解を求めよ．

第4章

運動エネルギーと仕事

運動の激しさの程度を表す物理量である運動エネルギーを導入し，運動エネルギーの変化が外力のした仕事に等しいことを示す．

---- 目的 ----
- 運動エネルギーの定義を理解する．
- 仕事の定義を理解する．
- 運動エネルギーの変化がなされた仕事に等しいことを理解する．

§4.1 エネルギー

ここまで見てきたことからわかるように，物体の運動を求めるには物体の運動方程式を立て，それを解けばよい．この意味で，物体の運動は運動方程式（と初期条件）により完全に決定されるということができる．一方で，ばねの力による運動のように，運動方程式の解が解析的に（「式の形で」ということ）求まる場合は実は多くない[*1]．運動方程式から運動の様子を知るには，近似的に運動方程式を解く方法，または運動方程式を解かずに運動の様子がわかるような方法が必要となってくる．

この章と次の章で物体の持つ**エネルギー**という量を導入し，エネルギーを使って運動の様子を調べる方法について述べる．エネルギーには，物体が運動する間，一定値を取り変化しないという著しい性質がある．（これを**エネルギー保存則**という．）この性質を使うと，運動方程式を解いて解を求めることをしなくても，運動のおおよその様子を理解することができるようになる．

物体の持つエネルギーは，運動の激しさを表す部分（**運動エネルギー**）と物

[*1] 解析的に解けない場合でもコンピューターを使って数値的に解くことは可能である．

体にはたらく力に関係する部分（**ポテンシャル**）の和で与えられる．この章では運動エネルギーについて述べ，ポテンシャルとエネルギー保存則については次章で解説を行う．

【参考】 以下で扱うエネルギーは正確には力学的エネルギーと呼ばれる．「力学的」という言葉がついているのは，力学的でない（つまり，巨視的な物体の運動に関係していない）エネルギーと区別するためである．力学的でないエネルギーの形態としては，熱，光，といったものがある． □

§4.2 直線上の運動の場合

直線上を速度 v で運動している質量 m の物体を考える．次の量

$$K = \frac{1}{2}mv^2 \tag{4.1}$$

を物体の**運動エネルギー**という．速度 v の大きさ（速さ）が増すと運動エネルギーも増えるので，運動エネルギーは物体の運動の激しさの程度を表していると考えられる．

物体が力 F のもとで運動しているとしよう．物体の位置を x とすると運動方程式は

$$m\frac{d^2x}{dt^2} = F \tag{4.2}$$

となる．力がはたらくことにより物体の運動は変化するから，それに伴い運動エネルギー K も変化するはずである．時間 t が Δt だけ変化したときの K の変化を ΔK とする．明らかに $\Delta K = \frac{\Delta K}{\Delta t}\Delta t$ であるが，Δt が十分に小さいならば平均の変化率 $\frac{\Delta K}{\Delta t}$ は瞬間の変化率 $\frac{dK}{dt}$ とほぼ等しいので，$\frac{\Delta K}{\Delta t}$ を $\frac{dK}{dt}$ で置き換えることができる．つまり，十分小さい時間間隔 Δt の間の運動エネルギーの変化 ΔK は

$$\Delta K = \frac{dK}{dt}\Delta t \tag{4.3}$$

と表すことができる．

【参考】 Δt が（微小だが無限小でない）有限の値のときは，平均の変化率 $\dfrac{\Delta K}{\Delta t}$ と瞬間の変化率 $\dfrac{dK}{dt}$ は一般に異なるので，式 (4.3) は近似式と考えるべきである．一方，Δt が無限小（$\Delta t \to 0$ の極限）であれば $\dfrac{\Delta K}{\Delta t}$ は $\dfrac{dK}{dt}$ と一致し，式 (4.3) は厳密に成り立つ式となる．以下の微小量を含む等式も，微小量が無限小の極限で成り立つ式と考えればよい．実際，微小量から何かを計算する際には積分することがほとんどであり（この後の式 (4.9) を参照），積分では微小量が無限小となる極限を考えることになるので，はじめから無限小量を考えていても特に問題となることはない． □

運動エネルギー K の定義 (4.1) を t で微分すると

$$\frac{dK}{dt} = \frac{d}{dt}\left(\frac{1}{2}mv^2\right) = \frac{dv}{dt}\frac{d}{dv}\left(\frac{1}{2}mv^2\right) = \frac{dv}{dt}mv = vF \tag{4.4}$$

となる．ただし，最後の等号では運動方程式 (4.2) を使った．これを式 (4.3) に代入して，$v = \dfrac{dx}{dt}$ であることに注意すると次の結果が得られる．

$$\Delta K = vF\Delta t = F\frac{dx}{dt}\Delta t = F\Delta x \tag{4.5}$$

最後の等号では，位置 x の変化（変位）Δx に対して式 (4.3) と同様の書き換え

$$\Delta x = \frac{dx}{dt}\Delta t \tag{4.6}$$

を行った．

運動エネルギーの変化を表す式 (4.5) の右辺に現れた量

$$\Delta W = F\Delta x \tag{4.7}$$

を F のした**仕事**という．仕事は正にも負にもなることに注意しよう．力 F と変位 Δx の向きが同じならば仕事は正になり，逆ならば負になる（図 4.1）．仕事という言葉を使えば式 (4.5) は次のように表すことができる．

物体の運動エネルギーの変化 ΔK ＝ 物体に対してなされた仕事 ΔW (4.8)

つまり，仕事が正ならば運動エネルギーは増加し，負ならば減少することになる．

§4.2 直線上の運動の場合　　35

図 4.1　力 F のもとで直線上を運動する物体．(左) 力の向きと変位 Δx が同じ向きの場合，物体に対して力がする仕事は正となる．(右) 力の向きと変位 Δx が逆向きの場合，力がする仕事は負になる．

例 4.1　仕事の正負　物体が重力のもとで鉛直下方に落下しているとき，重力の向きと物体の移動方向は同じなので，重力がする仕事は正である．したがって，物体の運動エネルギーは増加する（加速）．物体が摩擦力を受けて運動しているとき，摩擦力の向きと物体の移動方向は逆なので，摩擦力のする仕事は負になり，運動エネルギーは減少する（減速）．　　■

ここまでは考える時間間隔 Δt は微小（無限小）としていた．有限の時間間隔 $\Delta t = t_1 - t_0$ に対する運動エネルギーの変化 ΔK を求めるには，Δt を微小区間に分割し，それぞれについて式 (4.8) から ΔK を求めた後，足し合わせればよい．ただし，微小量（無限小量）の足し算であるから，積分を行うことになる．

$$\Delta K = K(t_1) - K(t_0) = \int_{t=t_0}^{t=t_1} dK = \int_{x(t_0)}^{x(t_1)} F dx \qquad (4.9)$$

ここで，右辺の積分

$$W = \int_{x(t_0)}^{x(t_1)} F dx \qquad (4.10)$$

は（時間間隔が有限の場合の）F がした仕事を表している．

仕事の定義 (4.7)（または，それを積分した式 (4.10)）には，時間，速度など，運動に関係する量が現れていないことに注意しよう．力 F が時間や速度をあらわに含まない場合には，x についての積分を実行して仕事を求め，運動方程式を解かずに運動エネルギーの変化を知ることが可能となる．

例 4.2　摩擦力のする仕事　滑らかな平面の上を一定の摩擦力（大きさ f）をうけて運動している質量 m の物体を考える．物体の初速を V，物体の停止する時刻を $t = T$，停止するまでに移動する距離を L としよう．物体の運動

方向を x 軸の正の向きに取ると，物体が停止するまでに摩擦力のした仕事 W は式 (4.10) より

$$W = \int_{x(0)}^{x(T)} (-f) dx = -f(x(T) - x(0)) = -fL \qquad (4.11)$$

と計算できる．一方，このとき，物体の速度は V から 0 となるので，運動エネルギーの変化 ΔK は $\Delta K = 0 - \frac{1}{2}mV^2 = -\frac{1}{2}mV^2$ である．式 (4.9)（および式 (4.10)）より，ΔK は W に等しいので，式 (4.11) より

$$-\frac{1}{2}mV^2 = -fL \qquad (4.12)$$

となる．この式の両辺を $-f$ で割ると $L = mV^2/(2f)$ を得る．このように，摩擦力のする仕事に注目することにより，運動方程式を解くことなしに物体の到達距離を求めることができる．

次に，物体の運動を具体的に求めて，この結果を確認してみよう．運動方程式は

$$m\frac{d^2 x}{dt^2} = -f \qquad (4.13)$$

となる．したがって，運動は加速度 $-f/m$ の等加速度直線運動である．初期条件 $x(0) = 0, v(0) = V$ を満たす解は次のようになる．

$$x(t) = Vt - \frac{f}{2m}t^2 \qquad (4.14)$$

速度は $v(t) = V - \frac{f}{m}t$ となるから，$v(T) = 0$ より $T = mV/f$ である．これを解 (4.14) に代入すると $L = x(T) = mV^2/(2f)$ となって，仕事の計算から得られた結果と一致する．■

§4.3　2次元以上の場合

続いて，2次元以上（平面または空間内）の運動の場合を考える．物体の質量を m，位置を $\boldsymbol{r}$，物体にはたらく力を $\boldsymbol{F}$ とすると運動方程式は次のように

§4.3 2次元以上の場合

なる．

$$m\frac{d^2\boldsymbol{r}}{dt^2} = \boldsymbol{F} \tag{4.15}$$

2次元以上の運動の場合も運動エネルギー K を式 (4.1) のように定める．ただし，速度 $\boldsymbol{v}$ はベクトルであるから，速さ v は（式 (1.27) で与えられる）速度ベクトル $\boldsymbol{v} = \dfrac{d\boldsymbol{r}}{dt}$ の大きさ $|\boldsymbol{v}|$ である．

$$K = \frac{1}{2}mv^2 = \frac{1}{2}m|\boldsymbol{v}|^2 \tag{4.16}$$

1次元（直線上）の運動のときと同様に，微小時間 Δt の間の K の変化 ΔK を求めるために K を t で微分する．

$$\frac{dK}{dt} = \frac{d}{dt}\left(\frac{1}{2}m|\boldsymbol{v}|^2\right) = \frac{1}{2}m\frac{d}{dt}(\boldsymbol{v}\cdot\boldsymbol{v}) = m\boldsymbol{v}\cdot\frac{d\boldsymbol{v}}{dt} \tag{4.17}$$

ここで，最後の等号は以下のように示すことができる[*2]．

$$\frac{d}{dt}(\boldsymbol{v}\cdot\boldsymbol{v}) = \frac{d}{dt}(v_x^2 + v_y^2) = 2v_x\frac{dv_x}{dt} + 2v_y\frac{dv_y}{dt} = 2\boldsymbol{v}\cdot\frac{d\boldsymbol{v}}{dt} \tag{4.18}$$

さらに，運動方程式 (4.15) を使うと

$$\frac{dK}{dt} = \boldsymbol{v}\cdot\boldsymbol{F} \tag{4.19}$$

となる．以上より，運動エネルギー K の微小変化 ΔK は

$$\Delta K = \frac{dK}{dt}\Delta t = \boldsymbol{v}\cdot\boldsymbol{F}\Delta t = \boldsymbol{F}\cdot\Delta\boldsymbol{r} \tag{4.20}$$

と求まる．ここで $\Delta\boldsymbol{r}$ は微小時間 Δt の間の位置 $\boldsymbol{r}$ の変化

$$\Delta\boldsymbol{r} = \boldsymbol{v}\Delta t = \frac{d\boldsymbol{r}}{dt}\Delta t \tag{4.21}$$

である．

式 (4.20) の右辺に現れた量

$$\Delta W = \boldsymbol{F}\cdot\Delta\boldsymbol{r} \tag{4.22}$$

[*2] これは2次元の場合の式である．3次元のときは z 成分 v_z の寄与を加えて $v^2 = \boldsymbol{v}\cdot\boldsymbol{v} = v_x^2 + v_y^2 + v_z^2$ から始めれば，同じ結果が得られる．

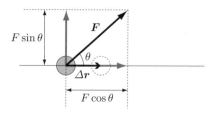

図 4.2 力 F のもとで運動する物体．F を物体の変位方向と垂直方向に分解すると，F のする仕事 $F \cdot \Delta r$ に寄与するのは変位方向成分 $F\cos\theta$ のみである．

を F のした**仕事**という．式 (4.20) を仕事という言葉を使って書き直すと

物体の運動エネルギーの変化 $\Delta K =$ 物体に対してなされた仕事 ΔW (4.23)

と 1 次元の運動の場合の式 (4.8) とまったく同じ形になる．この意味で，仕事の定義 (4.22) は 1 次元の場合の式 (4.7) の自然な拡張になっている．逆に，式 (4.7) を式 (4.22) の特殊な場合と考えることもできる．1 次元の場合，ベクトルの成分は x 成分 1 つだけであり，内積は x 成分同士の単なる積になって，式 (4.22) は式 (4.7) に帰着するからである．

力 F と微小変位 Δr のなす角を θ とすると，仕事 (4.22) は

$$\Delta W = |F||\Delta r|\cos\theta \tag{4.24}$$

と表すこともできる．この式は力 F のうち，仕事に寄与するのは変位 Δr に沿った方向の成分 $|F|\cos\theta$ のみであることを示している（図 4.2）．特に，F と Δr が直交しているとき（$\theta = \pi/2$ のとき）は $\Delta W = 0$ となり，F は仕事をしない．式 (4.23) より，運動エネルギーの変化は物体に対してなされた仕事に等しいから，このとき物体の運動エネルギーは変化しない．運動エネルギーは速さの 2 乗に比例しているので，これは物体の速さが変化しないことを意味する．

例 4.3　等速円運動　例 1.7 の等速円運動する質点（質量 m）を考える．質点の位置を r，角速度を ω とすると，加速度 a は式 (1.32) より $a = -\omega^2 r$ で

与えられる．運動方程式 $m\boldsymbol{a} = \boldsymbol{F}$ より，このとき質点には

$$\boldsymbol{F} = m\boldsymbol{a} = -m\omega^2 \boldsymbol{r} \tag{4.25}$$

の力がはたらいていなければならない．つまり，質点に円運動をさせるためには，常に円運動の中心方向を向いた力（**向心力**）が必要となる．

質点の移動方向は円の接線方向だから，向心力 $\boldsymbol{F}$ の向きと直交する．したがって，円運動する質点に対して向心力 $\boldsymbol{F}$ がする仕事はゼロである．実際，微小時間 Δt の間に向心力のする仕事 ΔW は，質点の速度 $\boldsymbol{v}$ を使って

$$\Delta W = \boldsymbol{F} \cdot \Delta \boldsymbol{r} = -m\omega^2 \boldsymbol{r} \cdot \boldsymbol{v} \Delta t \tag{4.26}$$

と表される（式 (4.21) 参照）．円運動に対しては式 (1.29) より $\boldsymbol{r} \cdot \boldsymbol{v} = 0$ であるから $\Delta W = 0$ となることがわかる．質点は仕事をされないので，式 (4.20) より運動エネルギーも変化せず，速さは式 (1.30) にあるように一定値 $v = r|\omega|$ を保つことになる． ∎

問 題

4.1 質量 m の物体を地面から高さ h の位置から初速 0 で落下させた．重力加速度の大きさを g として以下の問いに答えよ．
(1) 物体が地面に落下するまでに重力がした仕事 W を求めよ．
(2) 運動エネルギーの変化と仕事の関係を使って，地面に落下する直前の物体の速さ v を求めよ．
(3) 運動方程式を解くことにより v を求め，(2) の結果と比較せよ．

4.2 物体を水平方向に速さ V で投げ出した場合について，前問の過程をくり返してみよ．（水平方向に x 軸，鉛直方向に y 軸を取る．）

4.3 ばね定数 k のばねに質量 m のおもりをとりつけ，なめらかな平面上におく．つりあいの位置を基準にばねが伸びる方向に x 軸をとり，おもりを $x = a\,(>0)$ の位置から初速 0 で運動させるとき，以下の問いに答えよ．
(1) おもりがつりあいの位置 ($x = 0$) をはじめて通過するまでにばねの力がした仕事 W を求めよ．
(2) 運動エネルギーの変化と仕事の関係を使って，おもりがつりあいの位置を通過するときの速さ V を求めよ．
(3) 運動方程式を解くことにより V を求め，(2) の結果と比較せよ．

第5章

ポテンシャルとエネルギー保存則

仕事をする能力を表す物理量であるポテンシャルを導入し,運動エネルギーとポテンシャルの和が運動の間に変化しないこと(エネルギー保存則)を示す.

―― 目的 ――
- 力とポテンシャルの関係を理解する.
- エネルギー保存則を理解する.
- エネルギーに注目して運動の様子を理解できるようになる.

前章では物体の運動エネルギーを導入し,物体に対してなされた仕事の分だけ運動エネルギーが増加することを見た.この章では,逆に,物体に対して力がした仕事の分だけ減少する量を考える.そのような量は(仕事をしただけ減少するので)力が物体に対して仕事をする能力を表していると考えられ,力の**ポテンシャル**[*1] と呼ばれる.

運動エネルギーとポテンシャルの和を物体の**エネルギー**という.物体に対してなされた仕事の分だけ運動エネルギーが増加し,ポテンシャルは逆に減少するので,物体が運動する間,エネルギーは一定に保たれる.この事実は**エネルギー保存則**と呼ばれる.(ある量が時間的に一定に保たれることを表すのに,物理学では「**保存**」という言葉を使う.)以下で見ていくように,エネルギー保存則を使うと,物体の運動のおおよその様子を運動方程式を解かずに理解することができるようになる.

【参考】 物体の運動の間,値が変化しない(つまり,保存する)物理量のことを**保存量**という.エネルギーは保存量の最も重要な例である.保存量の他の例として,運動量,角運動量,電荷,といったものがある.(巻末の補章も参照のこと.) □

[*1] ポテンシャル・エネルギーまたは位置エネルギーともいう.

§5.1 直線上の運動の場合

はじめに，直線上を運動する物体の場合を考える．直線に沿って x 軸を取り，物体の位置を x で表す．直線上の位置 x における物体にはたらく力 $F(x)$ が x のみの関数 $U(x)$ を使って

$$F(x) = -\frac{dU}{dx} \tag{5.1}$$

と書けるとき，U を力 F の**ポテンシャル**という．

【参考】力 F は物体の位置 x のみによると考えていることに注意しよう．空気抵抗のような速度に依存する力に対しては，ポテンシャルを定義することはできない．□

例 5.1　重力のポテンシャル　重力の下で鉛直方向に運動する質量 m の物体を考える．鉛直上向きに x 軸を取ると，物体にはたらく重力 F は重力加速度の大きさを g として $F(x) = -mg$ となる．したがって，重力のポテンシャル U は

$$\frac{dU}{dx} = mg \tag{5.2}$$

を満たす．この式の両辺を x で積分すると

$$U(x) = \int mg\,dx = mgx + C \quad (C \text{ は定数}) \tag{5.3}$$

を得る．$U(0) = 0$ となるように積分定数 C を選ぶと $U(x) = mgx$ となる．■

例 5.2　ばねの力のポテンシャル　ばねの伸びを x とすると，ばね定数 k のばねによる力 F は $F(x) = -kx$ となる．したがって，ばねの力のポテンシャル U は

$$\frac{dU}{dx} = kx \tag{5.4}$$

を満たす．この式の両辺を x で積分すると

$$U(x) = \int kx\,dx = \frac{1}{2}kx^2 + C \quad (C \text{ は定数}) \tag{5.5}$$

を得る．$U(0) = 0$ となるように積分定数 C を選ぶと $U(x) = \dfrac{1}{2}kx^2$ となる． ∎

これらの例からわかるように，ポテンシャルには積分定数の不定性がある．つまり，U が F のポテンシャルのとき，U に定数を加えたものも F のポテンシャルになる．力からポテンシャルを求める際には，関数形が簡単になるように適当に定数を選べばよい．

物体の運動にともなう U の変化を ΔU とすると，式 (4.3) と同様の考え方により，

$$\Delta U = \frac{dU}{dx}\Delta x = -F\Delta x \tag{5.6}$$

となることがわかる．（最後の等号ではポテンシャルと力の関係 (5.1) を使った．）右辺に現れた量 $F\Delta x$ は物体が Δx だけ動いたときに力 F がした仕事である（式 (4.7) 参照）．つまり，物体の運動にともない，F のポテンシャル U は，物体に対して F がした仕事の分だけ減少する．

この章のはじめに述べたように，物体の運動エネルギー K とポテンシャル U の和

$$E = K + U(x) = \frac{1}{2}mv^2 + U(x) \tag{5.7}$$

を物体の**エネルギー**という．物体の運動にともない，運動エネルギー K は物体にはたらく力 F によってなされた仕事 $\Delta W = F\Delta x$ の分だけ増加する（式 (4.5) 参照）．一方で，ポテンシャル U は，（式 (5.6) により）ΔW だけ減少する．したがって，両者の和であるエネルギー E は，K の変化と U の変化がちょうど打ち消し合って，運動の間，一定値を保つはずである（**エネルギー保存則**）．

エネルギー保存則を確かめるために，式 (5.7) を時間 t で微分してみよう．

$$\frac{dE}{dt} = \frac{d}{dt}\left(\frac{1}{2}mv^2 + U(x)\right) = mv\frac{dv}{dt} + \frac{dU}{dx}\frac{dx}{dt} = v\left(m\frac{dv}{dt} - F(x)\right) \tag{5.8}$$

右辺の括弧の中は運動方程式 $m\dfrac{dv}{dt} = F$ よりゼロとなるから，$\dfrac{dE}{dt} = 0$ である．時間で微分してゼロということは時間的に変化しないということだから，確かにエネルギー保存則が成り立っていることがわかる．

例 5.3　重力の場合　例 5.1 の重力のもとで鉛直方向に落下する物体について，エネルギー保存則を確認してみよう．初期条件 $x(0) = h, x'(0) = 0$ をみたす運動方程式の解は $x(t) = -\frac{1}{2}gt^2 + h$ であり，速度 v は $v(t) = x'(t) = -gt$ と求まる．したがって，エネルギー E は

$$E = \frac{1}{2}mv^2 + mgx = \frac{1}{2}m(-gt)^2 + mg\left(-\frac{1}{2}gt^2 + h\right) = mgh \tag{5.9}$$

となり，時間によらず一定値 mgh をとることがわかる．　■

例 5.4　ばねの場合　続いて，例 5.2 のばねによる力のもとで運動する物体について，エネルギー保存則を確認してみよう．初期条件 $x(0) = a, x'(0) = 0$ をみたす運動方程式の解は $x(t) = a\cos\omega t$ ($\omega = \sqrt{k/m}$)，速度 v は $v(t) = x'(t) = -a\omega\sin\omega t$ となる．したがって，エネルギー E は

$$E = \frac{1}{2}mv^2 + \frac{1}{2}kx^2 = \frac{1}{2}m(-a\omega\sin\omega t)^2 + \frac{1}{2}k(a\cos\omega t)^2 = \frac{1}{2}ka^2 \tag{5.10}$$

となり，この場合も時間によらず一定となる．　■

§5.2　エネルギー保存則の利用

エネルギーの定義 (5.7) より

$$E - U(x) = \frac{1}{2}mv^2 \tag{5.11}$$

であるが，右辺（運動エネルギー）は明らかに負にはならない量である．したがって，不等式

$$U(x) \leq E \tag{5.12}$$

が成り立つ．エネルギー保存則より，E は（運動の初期条件から決まる）定数であり，$U(x)$ は既知の関数だから，この式は物体が運動可能な範囲を定める式と見ることができる．また，E が一定ということから，ポテンシャルが最小となるとき運動エネルギーは最大，つまり速さも最大になる．したがって，ポテンシャルが最小となる位置を求めれば，速さの最大値を求めることもできる．

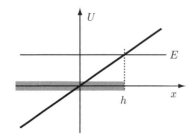
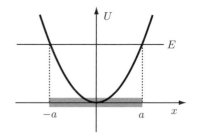

図 5.1 重力のポテンシャルのグラフと $E = mgh$ の場合の物体の運動範囲．ポテンシャルが最小値を持たないため，運動の範囲は有限にならない．

図 5.2 ばねによる力のポテンシャルのグラフと $E = \frac{1}{2}ka^2$ の場合の物体の運動範囲．ポテンシャルは最小値を持つため，運動は有限の範囲に限られる．

例 5.5 重力の場合 例 5.3 の重力のもとでの運動の場合，エネルギーは $E = mgh$ であったから，式 (5.12) は

$$mgx \leq mgh \tag{5.13}$$

となる．両辺を mg で割って運動の範囲として $x \leq h$ を得る（図 5.1）．つまり，高さ h で落下し始めた物体は（地面などの障害物と衝突しない限り）果てしなく落ちていく．これはポテンシャルが最小値を持たないためである． ∎

例 5.6 ばねの場合 例 5.4 のばねの力による運動の場合，エネルギーは $E = \frac{1}{2}ka^2$ であったから，式 (5.12) は

$$\frac{1}{2}kx^2 \leq \frac{1}{2}ka^2 \tag{5.14}$$

となる．両辺を $k/2$ で割って，運動の範囲として $x^2 \leq a^2$，つまり $-a \leq x \leq a$ を得る（図 5.2）．重力の場合と違い，運動の範囲が有限となることに注意しよう．$U(x) = \frac{1}{2}kx^2$ が最小となるのは $x = 0$ のときであるから，物体の運動エネルギーの最大値 $K_{\max}$ は $K_{\max} = E - U(0) = \frac{1}{2}ka^2$，速さの最大値 $v_{\max}$ は $v_{\max} = \sqrt{2K_{\max}/m} = \sqrt{k/m}\,a$ と求まる． ∎

例題 5.7 質量 m のボールを地上から速度 V で真上に投げ上げた．ボールが最高点に達したときの高さ H を求めよ．ただし，重力加速度の大きさを g

とする.

[解] 地上を基準とするボールの高さを x, 速度を v とするとボールのエネルギー E は $E = \dfrac{1}{2}mv^2 + mgx$ で与えられる. ボールの初期条件 $x = 0$, $v = V$ を代入して $E = \dfrac{1}{2}mV^2$ がわかる. 一方, 最高点では $x = H$, $v = 0$ となるから $E = mgH$. エネルギー保存則よりこれら2つの値は等しいので

$$mgH = \frac{1}{2}mV^2 \tag{5.15}$$

これを解いて, $H = V^2/(2g)$ を得る. (例題 2.2 の結果と一致.) ∎

例題 5.8 質量 m の質点をばね定数 k のばねに取り付けて運動させる. ばねが伸びていない状態で質点に速度 V を与えたとき, ばねの伸びの最大値 A を求めよ.

[解] ばねの伸びを x, 質点の速度を v とすると質点のエネルギー E は $E = \dfrac{1}{2}mv^2 + \dfrac{1}{2}kx^2$ で与えられる. 運動の初期条件 $x = 0$, $v = V$ より $E = \dfrac{1}{2}mV^2$ である. 一方, ばねの伸びが最大のときには $x = A$, $v = 0$ となるから $E = \dfrac{1}{2}kA^2$. エネルギー保存則よりこれら2つの値は等しいので

$$\frac{1}{2}kA^2 = \frac{1}{2}mV^2 \tag{5.16}$$

これを解いて, $A = \sqrt{m/k}\,V$ を得る. (例題 3.1(ii) の結果と一致.) ∎

このように, エネルギー保存則を使うと運動の様子を比較的容易に知ることができる. 特に, 運動の範囲が有限となるかどうかについては, ポテンシャルのグラフが最小 (または極小) を持つかどうかということから判定が可能である. もっとも, 以上2つの例では運動方程式の解がすでに求まっているため, エネルギー保存則を使っても特に新しい情報が得られるわけではない. エネルギー保存則の有用性は, 次の例のように, 運動方程式の解が求まっていない状況でより明らかになる.

例 5.9 二原子分子 二原子分子を構成する2つの原子の間にはたらく力は, 原子間距離を x とすると次のようなポテンシャル (モース・ポテンシャル) で

第5章 ポテンシャルとエネルギー保存則

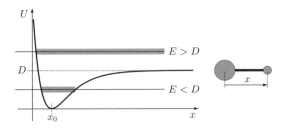

図 5.3 モース・ポテンシャルのグラフ．原子間距離 x が $x \to \infty$ の極限でポテンシャルは一定値 D に漸近する．

近似できることが知られている*2（図 5.3）．

$$U(x) = D(1 - e^{-a(x-x_0)})^2 \quad (D, a, x_0 \text{ は正の定数}) \tag{5.17}$$

2つの原子のうち，一方の原子が静止してもう一方のみが運動すると考えると，原子が運動する範囲はそのエネルギーを E として $U(x) \le E$ で与えられる．図 5.3 から，$E < D$ のとき運動の範囲は有限となるが（振動），$E > D$ のときは x はいくらでも大きくなることがわかる（解離）．■

§5.3 微小振動*

図 5.3 からわかるように，例 5.9 のモース・ポテンシャル (5.17) は $x = x_0$ でグラフの傾きがゼロとなる．質点（例 5.9 では原子）にはたらく力 F はポテンシャル U と $F(x) = -U'(x)$ の関係にあるから，ポテンシャルのグラフの傾きがゼロということは質点に力がはたらかない（$F = 0$）ことを意味する．つまり $x = x_0$ は力のつりあいの点（**平衡点**）である．

平衡点 $x = x_0$ では力がはたらかないので，平衡点に静止している質点はそのまま静止し続ける．これはグラフ（図 5.3）からも明らかである．（質点のエネルギー $E = U(x_0) = 0$ より運動の範囲の式 (5.12) を満たす x は $x = x_0$ のみ．）質点に速度を与えたり，平衡点からずらしたりして，質点のエネルギー

---

*2 ただし，実際には量子力学で取り扱う必要がある．

§5.3 微小振動*

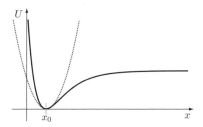

図 5.4 モース・ポテンシャル（実線）のばねの力のポテンシャルによる近似（点線）．平衡点 $x = x_0$ の近くに限れば，両者に大きな違いはない．

E が $E > U(x_0)$ となるようにすれば，質点は運動を始める．特に，$E < D$ ならば質点は平衡点 $x = x_0$ のまわりで振動する．

振動の振幅が小さい（つまり，質点が $x = x_0$ からあまり大きく離れない）場合について，この振動の様子を調べてみよう．（このような振動を**微小振動**という．）まず，$|z|$ が小さいときに成り立つ近似式[*3] $e^z \approx 1+z$ を使うと，モース・ポテンシャル $U(x)$ は，$x = x_0$ の近く（$a|x-x_0| \ll 1$）で次のように表されることがわかる．

$$U(x) = D(1-e^{-a(x-x_0)})^2 \approx D\Big[1-\big(1-a(x-x_0)\big)\Big]^2 = Da^2(x-x_0)^2 \quad (5.18)$$

これは平衡点の位置に頂点を持つ 2 次関数であり，$x - x_0$ をばねの伸びと見ると，ばね定数 $k = 2Da^2$ のばねの力のポテンシャルである．図 5.4 にモース・ポテンシャルと式 (5.18) の 2 次関数のグラフを重ねたものを示す．平衡点 $x = x_0$ の近くに限れば，2 つのグラフに大きな差がないことがわかる．

このように，モース・ポテンシャルは平衡点 $x = x_0$ の近くではばねの力のポテンシャル（2 次関数）で近似できる．したがって，平衡点のまわりでの振動は，振動の振幅が十分小さいならば，ばねの力による振動（すなわち単振動）と見なしてもよいということになる．運動が単振動ということは，いろいろな量が計算できるということである．例えば，ばね定数 k が $k = 2Da^2$ となることから振動の角振動数 ω は $\omega = \sqrt{k/m} = \sqrt{2Da^2/m}$ と求まる．

[*3] 次ページのテイラー展開 (5.19) で $f(x) = e^x$，$x_0 = 0$ とし，x の 2 次以上を無視すればこの式が得られる．

【参考】一般の微小振動　以上の話は一般のポテンシャル $U(x)$ とその平衡点 $x = x_0$ の場合に一般化できる．一般に（なめらかな）関数 $f(x)$ は以下のような無限級数で表すことができることが知られている．（$f(x)$ の**テイラー展開**という．）

$$f(x) = \sum_{n=0,1,2,\ldots} \frac{1}{n!} f^{(n)}(x_0)(x-x_0)^n$$
$$= f(x_0) + f'(x_0)(x-x_0) + \frac{1}{2} f''(x_0)(x-x_0)^2 + \cdots \tag{5.19}$$

この式をポテンシャル $U(x)$ と平衡点 $x = x_0$ に適用すると，$U'(x_0) = 0$ より，$x - x_0$ の3次以上を無視する近似で

$$U(x) \approx U(x_0) + \frac{1}{2} U''(x_0)(x-x_0)^2 \tag{5.20}$$

となることがわかる．つまり，ポテンシャルは（平衡点の近くでは）平衡点の位置に頂点を持つ2次関数で近似できる．$U''(x_0) > 0$ とすると，ポテンシャル (5.20) はばね定数 $k = U''(x_0)$ のばねの力のポテンシャルと同じ形なので，運動は単振動になる．微小振動の角振動数 ω は $\omega = \sqrt{k/m} = \sqrt{U''(x_0)/m}$ と求まる．また，力 $F(x) = -U'(x)$ は，式 (5.20) より

$$F(x) \approx -U''(x_0)(x-x_0) = -k(x-x_0) \tag{5.21}$$

となり，確かにばね定数 k のばねによる復元力の形になっている．（ポテンシャルを経由せずに，直接 $F(x)$ に式 (5.19) を適用して，この式を導くこともできる．）

一方，$U''(x_0) < 0$ の場合，ポテンシャルは，$x = x_0$ の近くで上に凸の2次関数になる．ちょうど $x = x_0$ におかれた質点には力がはたらかないが，質点の位置が $x = x_0$ から少しでもずれると，質点には平衡点から遠ざかる向きに力がはたらく．したがって，この場合，振動は起こらない．このような平衡点を不安定な平衡点という．　□

§5.4　2次元以上の場合

2次元以上（平面，または空間内）の運動の場合も，式 (5.6) に対応する

$$\Delta U = -\Delta W = -\boldsymbol{F} \cdot \Delta \boldsymbol{r} \tag{5.22}$$

が成り立つようにポテンシャル U を定めることができれば，エネルギー保存則が成立する．例えば，重力の場合，§2.2.3 のように水平方向に x 軸，鉛直上向きに y 軸を取れば

$$\boldsymbol{F} = (0, -mg), \quad \Delta \boldsymbol{r} = (\Delta x, \Delta y) \tag{5.23}$$

となり，$\boldsymbol{F} \cdot \Delta \boldsymbol{r} = -mg\Delta y$ となるので，ポテンシャルとして $U = mgy$ と取ればよい．つまり，重力のポテンシャルは，2次元以上の運動の場合でも，鉛直方向のみを考慮したときと同じ形になる．

例題 5.10 高さ H の塔の上から質量 m のボールを速さ V で投げ出す．重力加速度の大きさを g として，地上に達したときのボールの速さを求めよ．
[解] 求める速さを V_1 とするとエネルギー保存則より
$$\frac{1}{2}mV_1^2 = \frac{1}{2}mV^2 + mgH \tag{5.24}$$
が成り立つから，（投げ出す方向によらず）$V_1 = \sqrt{V^2 + 2gH}$ となる．■

【参考】 式 (5.22) が成り立つような U を持つ力は**保存力**と呼ばれる．多変数についての微分である偏微分を使うと，保存力 $\boldsymbol{F}$ はポテンシャル U を使って次のように表される（3次元の場合）．
$$\boldsymbol{F} = \left(-\frac{\partial U}{\partial x}, -\frac{\partial U}{\partial y}, -\frac{\partial U}{\partial z}\right) \tag{5.25}$$
これは1次元の場合の式 (5.1) に対応する式である．□

問題

5.1 質量 m のおもりをばね定数 k のばねにとりつけ水平面上におき，ばねを x_0 だけ伸ばして初速 v_0 を与えたところ，おもりは振動を始めた．エネルギー保存則を使って，おもりの運動の範囲および速さの最大値を求めよ．

5.2 質量 m のおもりをばね定数 k のばねにとりつけ，ばねの一端を天井に固定して鉛直方向に運動させる．ばねが自然長のときを原点として鉛直下向きに x 軸を取り，以下の問いに答えよ．ただし，重力加速度の大きさを g とする．
  (1) おもりのエネルギー E を m, k, g, 物体の位置 x, 速度 v を使って与えよ．
  (2) E を時間 t で微分することにより，エネルギーが保存することを示せ．
  (3) $x = 0$ の位置からおもりを初速 0 で運動させた．エネルギー保存則を使って，i) おもりの運動範囲，ii) 速さの最大値を求めよ．

5.3 質量 m の質点を式 (5.17) のモース・ポテンシャルの下で運動させる．質点を $x = x_0$ の位置におき，初速 $v = v_0 \, (> v_c)$ を与えたところ，質点は無限遠に飛び去った．v_c を求めよ．

第 6 章

束縛運動

　斜面に沿ってすべり落ちる物体や糸の端に取り付けられたおもりのように，運動する場所が，あらかじめ定められた平面内や曲線上に制限されている場合の取り扱いについて解説する．

目的

- 運動方程式を使って斜面上の運動を理解する．
- 運動方程式を使って単振り子の運動を理解する．

---

§6.1　斜面上の運動

　なめらかな斜面の上を運動する質量 m の物体を考える（図 6.1）．この物体の運動を運動方程式を使って調べてみよう．物体は斜面と接しているので，重力に加えて斜面からも力がはたらく．簡単のため，斜面は十分になめらかで摩擦は無視できるものとすると，斜面からはたらく力は斜面が物体を押し返す力のみである．この力は物体が斜面と接する面（物体の底面）に対して垂直にはたらくので**垂直抗力**と呼ばれる．（これに対して，底面の接線方向にはたらく力が摩擦力である．）

　物体は斜面に沿って運動するので，斜面に沿った方向に座標を取るのがよい．そこで，斜面に沿って下方に x 軸，斜面に垂直な方向に y 軸を取ることにする．重力加速度の大きさを g，斜面から受ける垂直抗力の大きさを N とすると，図 6.2 より，重力および垂直抗力はそれぞれ成分を使って次のように表される．

$$\text{重力} = (mg\sin\alpha, -mg\cos\alpha), \quad \text{垂直抗力} = (0, N) \tag{6.1}$$

ここで，斜面が水平面となす角（傾斜角）を α とした．物体にはたらく力はこ

§6.1 斜面上の運動

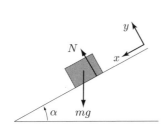
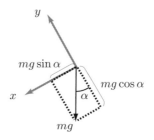

図 6.1 なめらかな斜面（傾斜角 α）の上を運動する物体（質量 m）にはたらく力．重力に加えて，物体には斜面からの垂直抗力がはたらく．

図 6.2 斜面下向きに x 軸，垂直に y 軸を取ると，重力の x 成分は $mg\sin\alpha$，y 成分は $-mg\cos\alpha$ と表される（g は重力加速度の大きさ）．

れらの合力だから，運動方程式は次のようになる．

$$m\frac{d^2}{dt^2}(x, y) = (mg\sin\alpha, -mg\cos\alpha) + (0, N) \tag{6.2}$$

成分に分けて書けば

$$m\frac{d^2 x}{dt^2} = mg\sin\alpha, \quad m\frac{d^2 y}{dt^2} = -mg\cos\alpha + N \tag{6.3}$$

となる．

物体は斜面に沿って運動するので，y 座標の値は一定である．x 座標については運動方程式 (6.3) の第 1 式より

$$\frac{d^2 x}{dt^2} = g\sin\alpha \tag{6.4}$$

となり，物体は斜面に沿って加速度 $g\sin\alpha$ の等加速度直線運動を行うことがわかる．（$\alpha < \pi/2$ である限り）$\sin\alpha < 1$ より $g\sin\alpha < g$ となるから，加速度の大きさは鉛直方向への落下の場合に比べて小さくなる．

y 座標が一定なので加速度の y 成分はゼロであり，運動方程式 (6.3) の第 2 式は次のようになる．

$$0 = -mg\cos\alpha + N \tag{6.5}$$

この式からは垂直抗力の大きさが $N = mg\cos\alpha$ と定まる．運動方程式を立てる段階では垂直抗力の大きさはわかっていなかったことに注意しよう．物体

が斜面に沿って運動する（y が一定）という条件を満たすように N の値が定まるのである．

§6.2　単振り子

図 6.3 のように，長さ l の軽い糸の端に質量 m のおもり[*1]を取り付け，天井からつり下げる．これを**単振り子**という．以下では，単振り子の鉛直面内での運動を運動方程式から求めてみる．

糸がたるまないとすると，おもりは糸の支点を中心とする半径 l の円運動を行う．したがって，おもりの運動を求めるには円周に沿った方向の運動方程式を考えればよい．つりあいの位置（鉛直下方）と糸のなす角を θ とすると，円周に沿ってはかったおもりの位置は $l\theta$ と表される．このとき，円周に沿った方向の速度，加速度はそれぞれ $l\dot\theta$, $l\ddot\theta$ となる．（導出は以下の【**参考**】を参照のこと．）なお，式 (1.19) の記法を使って，$\dfrac{d\theta}{dt}$, $\dfrac{d^2\theta}{dt^2}$ をそれぞれ $\dot\theta$, $\ddot\theta$ と書いた．

【**参考**】糸の支点を原点として，水平方向に x 軸，鉛直上方に y 軸を取る（図 6.3）．このとき，おもりの位置 $\boldsymbol{r}$ は

$$\boldsymbol{r} = (x, y) = (l\sin\theta, -l\cos\theta) \tag{6.6}$$

と表される．速度 $\boldsymbol{v}$ を定義 (1.25) に基づき計算すると

$$\boldsymbol{v} = \frac{d}{dt}(l\sin\theta, -l\cos\theta) = \frac{d\theta}{dt}\frac{d}{d\theta}(l\sin\theta, -l\cos\theta) = l\dot\theta(\cos\theta, \sin\theta) \tag{6.7}$$

となる．右辺のベクトル $(\cos\theta, \sin\theta)$ は円の接線方向を向いた単位ベクトル（長さが 1 のベクトル）だから，この式は速度が円の接線方向を向き，円周に沿ってはかった速度が $l\dot\theta$ であることを示している．同様に加速度を計算すると

$$\boldsymbol{a} = \frac{d}{dt}(l\dot\theta\cos\theta, l\dot\theta\sin\theta) = l\ddot\theta(\cos\theta, \sin\theta) + l\dot\theta^2(-\sin\theta, \cos\theta) \tag{6.8}$$

となる．右辺第 1 項は加速度の接線成分，第 2 項は向心成分を表している．第 1 項の係数から，円周に沿ってはかった加速度が $l\ddot\theta$ となることがわかる．回転の角速度が一定値 ω を取る場合（つまり，等速円運動の場合），$\dot\theta = \omega$ から $\ddot\theta = 0$ となるから，第 1 項は消えて第 2 項のみが残る．これは例 1.9 の結果を再現している．　　　　　　　□

[*1] 大きさを無視しているので正確には質点である．おもりの大きさを考慮した取り扱いについては第 9 章（特に章末問題 9.3）を参照．

§6.2 単振り子

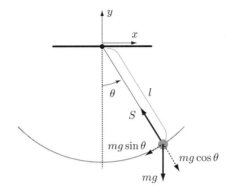

図 6.3 長さ l の単振り子．おもりには重力と糸の張力 S がはたらく．張力は糸の支点の方向（動径方向）を向いており，円周方向の成分を持たない．一方，重力については，円周方向成分の大きさが $mg\sin\theta$，動径方向成分の大きさが $mg\cos\theta$ となることがわかる．

おもりにはたらく力は重力と糸の張力である．運動方程式を立てるには，これらの力をおもりの運動方向（円周方向）とそれに直交する方向（動径方向）に分解すればよい．このうち，張力は糸の方向（動径方向）を向いており，円周方向の成分はない．重力については，斜面上の運動と同様に考えれば，図 6.3 のように分解できることがわかる．円周方向の加速度が $l\ddot\theta$ となることを使えば，円周方向の運動方程式は

$$ml\frac{d^2\theta}{dt^2} = -mg\sin\theta \tag{6.9}$$

となる．ここで右辺のマイナスは，重力の円周方向成分の向きが，角度 θ が増加する向きとは逆向きであることを表している．両辺を ml で割ると

$$\frac{d^2\theta}{dt^2} = -\frac{g}{l}\sin\theta \tag{6.10}$$

という形にも書ける[*2]．式 (6.10) はおもりの質量 m を含まないことに注意しよう．方程式が m を含まないということは，解も m を含まないことを意味

[*2] 運動方程式 (6.10) は第 9 章で扱う剛体の運動の立場から導くこともできる．

する．つまり，（運動方程式を解かなくても）おもりの運動はその質量に依存しないということがわかる．

【参考】 式 (6.8) より，加速度の動径方向成分は（中心に向かう方向を正として）$l\dot{\theta}^2$ であるから，動径方向の運動方程式は

$$ml\left(\frac{d\theta}{dt}\right)^2 = S - mg\cos\theta \tag{6.11}$$

となることがわかる．ここで，右辺第 1 項は糸の張力，第 2 項は重力の動径方向成分である．斜面上の運動の場合の式 (6.5) が条件 $y = $ 一定 を満たすように垂直抗力 N を定める式であったのと同様に，式 (6.11) はおもりが円運動する（つまり，支点からの距離 l が一定）という条件を満たすように張力 S の値を定める式と見ることができる． □

運動方程式が得られたので，おもりの運動がどのようなものになるかを調べることができる．ただし，一般的に方程式 (6.10) を解くのは難しいので[*3]，おもりの変位が微小な場合（$|\theta| \ll 1$）に限って考えることにする（微小振動）．$|\theta|$ が微小な場合に成り立つ近似式[*4]

$$\sin\theta \approx \theta \tag{6.12}$$

を使うと，方程式 (6.10) は次のような形に書ける．

$$\frac{d^2\theta}{dt^2} = -\omega^2\theta, \quad \omega = \sqrt{\frac{g}{l}} \tag{6.13}$$

この方程式は，角振動数 ω の単振動の方程式だから，式 (3.4) と同様に一般解は

$$\theta(t) = A\sin(\omega t + \alpha) \quad (A, \alpha \text{ は定数}) \tag{6.14}$$

で与えられる．つまり，おもりは周期

$$T = \frac{2\pi}{\omega} = 2\pi\sqrt{\frac{l}{g}} \tag{6.15}$$

[*3] 方程式 (6.10) の解は簡単な関数で表すことができない．（楕円関数と呼ばれる関数が必要となる．）

[*4] テイラー展開 (5.19) で $f(x) = \sin x$, $x_0 = 0$ として，x の 2 次以上（実際は 3 次以上）を無視すれば，この式が得られる．

の単振動を行う．この式からわかるように振動の周期は（単振動なので）振幅によらない．このことを振り子の**等時性**という．

【参考】 解 (6.14) を導くのに近似 (6.12) を使ったことからわかるように，等時性は振幅が微小な場合に成り立つ性質である．実際，振動の振幅（θ の最大値）を θ_0 とするとき，方程式 (6.10) の解の周期 T は

$$T = \frac{2\pi}{\omega}\left(1 + \frac{\theta_0^2}{16} + (\theta_0 \text{ の 4 次以上の項})\right) \tag{6.16}$$

のように θ_0 に依存する[*5]．第2項の係数は正だから，振幅が大きくなると周期も長くなることがわかる．θ_0 が 1 に比べて十分小さければ第 2 項から先を無視することができて，式 (6.15) と一致する． □

【参考】 ここでは運動方程式を使って微小振動の周期 (6.15) を求めたが，周期が $\sqrt{l/g}$ に比例することだけならば，運動方程式を使わなくても示すことができる．そのためには，まず，単振り子に現れる（質量，長さ，などの）単位を持った量が，おもりの質量 m，糸の長さ l，重力加速度の大きさ g の 3 つであることに注意する．それぞれ質量，長さ，長さ/(時間)^2 という単位を持っている．一方，単振り子の周期は時間の単位を持っている．単振り子の周期は m, l, g の 3 つを使って表されるはずだが，これら 3 つを組み合わせて作られる時間の単位を持つ量は（少し考えてみればわかるように）$\sqrt{l/g}$ のみである．したがって，周期は $\sqrt{l/g}$ に比例しなければならない，という結論が得られる．（ただし，係数が 2π になることは運動方程式を使わないとわからない．）

ここまで，単位という言葉を使ってきたが，正確には単位の種類と言ったほうがよいものである．長さを表す単位としてはメートル，ヤード，尺など様々なものがあるが，いずれも長さを表すことに変わりはなく，一つの単位から別の単位への変換は適当な数をかけるだけで，本質的な変化はない．単位の種類のことを物理では**次元**と呼び，ここで説明したような，次元に注目して物理量どうしの関係を定める方法のことを**次元解析**という． □

§6.3　エネルギー保存則

斜面上の運動では，物体には重力と垂直抗力がはたらいていた．このうち，垂直抗力は物体の運動方向と直交する向きにはたらくから，式 (4.24) より物体に仕事をしない．つまり，仕事をする力は重力のみである．第 5 章で見たよ

[*5] この式の導出については，巻末の参考図書 [3] の p.89-90 を参照.

うに，仕事をする力がポテンシャルを持てばエネルギー保存則が成立する．重力はポテンシャルを持つので，エネルギー保存則が成り立つはずである．

運動方程式 (6.3) を使ってエネルギー保存則を確かめてみよう．物体の速度は $\dot{x}$，重力のポテンシャルは例 5.1（および §5.4）より「$mg \times$ 物体の高さ」で与えられるから，エネルギー E は

$$E = \frac{1}{2}m\dot{x}^2 - mgx\sin\alpha \qquad (6.17)$$

となる．右辺第2項にマイナスがついているのは，x が大きくなるほど水平面からはかった物体の高さが低くなることを表している．これを時間について微分すると

$$\frac{dE}{dt} = m\dot{x}\ddot{x} - mg\dot{x}\sin\alpha = \dot{x}(m\ddot{x} - mg\sin\alpha) \qquad (6.18)$$

となるが，右辺は運動方程式 (6.3) によりゼロとなる．つまり，エネルギー (6.17) は確かに一定である．

単振り子の場合，おもりにはたらく力は重力と糸の張力である．このうち，張力は糸の支点方向を向き，おもりの運動方向（円の接線方向）とは常に直交している．したがって，この場合もおもりに対して仕事をする力は重力のみであり，エネルギー保存則が成り立つはずである．おもりの接線方向の速度は $l\dot{\theta}$ であるから，エネルギー E は

$$E = \frac{1}{2}m(l\dot{\theta})^2 - mgl\cos\theta \qquad (6.19)$$

となる．これを時間について微分すると

$$\frac{dE}{dt} = ml^2\dot{\theta}\ddot{\theta} + mgl\dot{\theta}\sin\theta = ml^2\dot{\theta}\left(\ddot{\theta} + \frac{g}{l}\sin\theta\right) \qquad (6.20)$$

となるが，右辺は運動方程式 (6.10) よりゼロとなり，エネルギーは保存する．

斜面上の運動における垂直抗力や単振り子の場合の糸の張力は，運動が限られた場所（斜面，円周上）で起こるように物体を束縛する役割をはたしているだけで，物体に対して仕事をしない．このような力を**束縛力**という．上で見たように，エネルギー保存則を考える際には束縛力の寄与は考えなくてよい．

問 題

6.1 傾斜角 α のなめらかな斜面上に置かれた質量 m の物体の運動を考える．（重力加速度の大きさを g とする．）
  (1) 物体の運動方程式を与えよ．（斜面に沿って上向きに x 軸を取る．）
  (2) 初期条件 $x(0)=0, v(0)=V(>0)$ を満たす運動方程式の解を求めよ．
  (3) 物体が静止する位置 $x=a$ を求めよ．
  (4) エネルギー保存則を使って，a の値を求めてみよ．

6.2 質量の無視できる変形しない棒（長さ l）の先端におもり（質量 m）を取り付け鉛直平面内で運動させる．棒と鉛直下方のなす角を θ，重力加速度の大きさを g として以下の問いに答えよ．
  (1) $\theta=\pi/2$ の位置から初速 0 でおもりをはなした．おもりの速さの最大値を求めよ．
  (2) つりあいの位置 ($\theta=0$) でおもりに初速 V を与えた．おもりが支点のまわりを一回転するために V が満たすべき条件を求めよ．

第7章

質点系の運動

　互いに力をおよぼし合う複数の質点の集まりを質点系という．この章では，次章以降の準備を兼ねて，質点系の運動を運動方程式を使って調べる方法を解説する．

―――― 目的 ――――
- 質点系の重心の定義を学ぶ．
- 質点系の重心が，重心の位置に全質量が集中した質点と同じ運動をすることを理解する．
- ばねでつながった2つの質点の運動を運動方程式から理解する．

§7.1　質点から質点系へ

　ここまでは運動する物体が一つのみである場合について，物体を質点（質量を持つ大きさのない点）と見なして運動を調べてきた．質点にはたらく力が与えられたときに，力学の基本法則である運動方程式（と初期条件）によって運動が定まること，運動の背後にエネルギーと呼ばれる時間的に変化しない量があること，以上2点が納得できていれば，ここまでの内容はおおよそ理解できていると考えてよいだろう．

　ここからは物体が大きさ（広がり，または内部構造）を持つ状況を考えていく．大きさのある物体でも，十分に細かく分割すれば一つ一つの部分は質点とみなすことができるので，物体を多数の質点の集まりと考えることができる．したがって，大きさのある物体の運動を調べるには，互いに力をおよぼし合う質点の集まり（**質点系**）の運動を考えればよい．この章では，次章以降で扱う剛体の力学の準備も兼ねて，質点系の運動の基本的な事項について解説を行う．

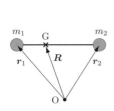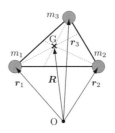

図 7.1 質点系とその重心 G. 2つの質点からなる系の重心は2つの質点を結ぶ線分上にある（左）. 3つの質点からなる系の重心は3つの質点がつくる三角形の内部にある（右）.

§7.2 重心

n 個の質点からなる質点系を考える. i 番目（$i = 1, 2, \ldots, n$）の質点の位置ベクトルを $\boldsymbol{r}_i$, 質量を m_i とするとき, 位置ベクトルが次の式で与えられる点 G をこの系の**重心**（または**質量中心**）という.

$$\boldsymbol{R} = \frac{1}{M}\sum_{i=1}^{n} m_i \boldsymbol{r}_i = \frac{1}{M}(m_1 \boldsymbol{r}_1 + m_2 \boldsymbol{r}_2 + \cdots), \quad M = \sum_{i=1}^{n} m_i \qquad (7.1)$$

ここで, M は系の全質量である. 以下の例からわかるように, 重心は質点系の広がりの内部にあって, 系を代表する点と考えることができる.

例 7.1 2つの質点からなる系（図 7.1 左）の重心 G の位置ベクトルは

$$\boldsymbol{R} = \frac{m_1 \boldsymbol{r}_1 + m_2 \boldsymbol{r}_2}{m_1 + m_2} \qquad (7.2)$$

で与えられる. $\dfrac{m_1}{m_1 + m_2} + \dfrac{m_2}{m_1 + m_2} = 1$ だから, 重心 G は2つの質点 1, 2 を結ぶ線分上にある.（線分を $m_2 : m_1$ に内分する点.）同様に, 3つの質点からなる系（図 7.1 右）の場合は

$$\boldsymbol{R} = \frac{m_1 \boldsymbol{r}_1 + m_2 \boldsymbol{r}_2 + + m_3 \boldsymbol{r}_3}{m_1 + m_2 + m_3} \qquad (7.3)$$

となり, 重心は3つの質点がつくる三角形の内部にある.（ベクトルを使った直線および平面の表し方については以下の【**参考**】を参照のこと.）■

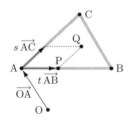
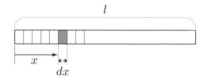

図 7.2 直線および平面のパラメーター表示.

図 7.3 一様な棒（長さ l）の微小部分（長さ $dx \ll l$）への分割．微小部分に分割することにより，連続的な物体も質点系として扱うことができる．

【参考】 図 7.2 のように，2 点 A, B を通る直線 AB 上に点 P を取る．原点 O から P に到達するには，まず A まで行った後に，ベクトル $\overrightarrow{AB}$ に沿って進めばよい．したがって，P の位置ベクトル $\overrightarrow{OP}$ は t を適当な実数（パラメーター）として $\overrightarrow{OP} = \overrightarrow{OA} + t\overrightarrow{AB}$ と表すことができる．この式に $\overrightarrow{AB} = \overrightarrow{OB} - \overrightarrow{OA}$ を代入すると，

$$\overrightarrow{OP} = \overrightarrow{OA} + t(\overrightarrow{OB} - \overrightarrow{OA}) = (1-t)\overrightarrow{OA} + t\overrightarrow{OB} \tag{7.4}$$

という式が得られる．式 (7.2) はこの形になっている．3 点 A, B, C を通る平面内の点 Q については，適当な実数 t, s を使って $\overrightarrow{OQ} = \overrightarrow{OA} + t\overrightarrow{AB} + s\overrightarrow{AC}$ と書けるので，

$$\overrightarrow{OQ} = \overrightarrow{OA} + t(\overrightarrow{OB} - \overrightarrow{OA}) + s(\overrightarrow{OC} - \overrightarrow{OA}) = (1-t-s)\overrightarrow{OA} + t\overrightarrow{OB} + s\overrightarrow{OC} \tag{7.5}$$

という表示が得られる．式 (7.3) はこの形になっている． □

連続的な物体については，物体を多数の微小部分に分割し，それぞれを質点とみなすことにより重心を求めることができる．

例 7.2 質量 M，長さ l の一様な棒の重心を求めてみよう（図 7.3）．棒の一端を原点として棒に沿って x 軸を取る．次に棒を長さ dx の多数の微小部分に分割する．棒の線密度（単位長さあたりの質量）を $\lambda = M/l$ とおくと 1 つの微小部分の質量 dm は $dm = \lambda dx$ と表される．重心の位置 X を求めるには，定義 (7.1) より，微小部分の座標 x に質量をかけてすべての微小部分にわたって足し上げたものを，全質量 M で割ればよい．ただし，微小量（無限小量）の足し算なので実際には積分となる．

$$X = \frac{1}{M}\int_{x=0}^{x=l} x\, dm = \frac{1}{M}\int_0^l x\lambda\, dx = \frac{1}{2M}\lambda l^2 = \frac{l}{2} \tag{7.6}$$

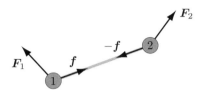

図 7.4 軽い糸でつながれた 2 つの質点からなる質点系．質点にはたらく力のうち，糸の張力（f と $-f$）が内力にあたり，その他の力（F_1 と F_2）が外力である．

つまり，一様な棒の重心は棒の中点である． ∎

§7.3 重心の運動

　質点系は質点の集まりであるから，運動を求める手順も一つの質点の場合と特に変わるところはない．つまり，質点系を構成するそれぞれの質点にはたらく力をすべて書き出し，各質点に対する運動方程式を立て，それを解く，という手続きを踏めばよい．

　一般に，質点系の中の 1 つの質点には様々な力がはたらいていると考えられるが，それらのうち系を構成する他の質点による力を**内力**，それ以外の力を**外力**という．大きさのある物体を質点系と考えた場合，物体がばらばらにならないように一つに保つ力が内力であり，物体の外部からはたらく重力などの力が外力である．

　例として，軽い糸でつながれた 2 つの質点からなる質点系を考えてみよう（図 7.4）．2 つの質点（質点 1，質点 2 とする）は糸を通して互いに力をおよぼし合っている．これが今の場合の内力である．この力は糸の張力であるから，質点 2 が質点 1 におよぼす力を f とすると，質点 1 が質点 2 におよぼす力は $-f$ となる．つまり，質点 2 が質点 1 におよぼす力と質点 1 が質点 2 におよぼす力は大きさが同じで互いに逆向きとなっている．力学ではこの性質が常に成り立つものと考え，運動方程式とともに基本法則の一つ（**作用・反作用の法則**）としている．

作用・反作用の法則　2つの質点1，2の間に力がはたらいているとき，質点2が質点1におよぼす力と質点1が質点2におよぼす力は互いに逆向きで大きさが等しい．

質点1，2にはたらく外力をそれぞれ $\boldsymbol{F}_1, \boldsymbol{F}_2$ とすると，質点の運動方程式は

$$m_1\frac{d^2\boldsymbol{r}_1}{dt^2} = \boldsymbol{F}_1 + \boldsymbol{f}, \quad m_2\frac{d^2\boldsymbol{r}_2}{dt^2} = \boldsymbol{F}_2 - \boldsymbol{f} \tag{7.7}$$

と書ける．これら2つの式を加えると，作用・反作用の法則により内力は互いに打ち消し合って

$$m_1\frac{d^2\boldsymbol{r}_1}{dt^2} + m_2\frac{d^2\boldsymbol{r}_2}{dt^2} = \boldsymbol{F}_1 + \boldsymbol{F}_2 \tag{7.8}$$

となる．この式の左辺は重心の定義 (7.2) を使うと

$$m_1\frac{d^2\boldsymbol{r}_1}{dt^2} + m_2\frac{d^2\boldsymbol{r}_2}{dt^2} = \frac{d^2}{dt^2}(m_1\boldsymbol{r}_1 + m_2\boldsymbol{r}_2) = M\frac{d^2\boldsymbol{R}}{dt^2} \tag{7.9}$$

と書き直すことができる．（ただし，系の全質量を $M = m_1 + m_2$ とおいた．）以上より，次の式が成り立つことがわかる．

$$M\frac{d^2\boldsymbol{R}}{dt^2} = \boldsymbol{F}_1 + \boldsymbol{F}_2 \tag{7.10}$$

この式は，位置 $\boldsymbol{R}$ にある質量 M の質点に，力 $\boldsymbol{F}_1 + \boldsymbol{F}_2$ がはたらいている場合の運動方程式である．つまり，系の重心は，全質量が重心に集中したと考えた（仮想的な）質点に，全外力がはたらいている場合と同じ運動を行う．

運動方程式 (7.10) を導くのに使ったことは，重心の定義を除けば，内力が互いに打ち消し合うということ（作用・反作用の法則）のみである．したがって，一般の n 個の質点からなる系に対しても同様の方程式が得られる．

重心の運動方程式　$M\dfrac{d^2\boldsymbol{R}}{dt^2} = \boldsymbol{F}_1 + \boldsymbol{F}_2 + \cdots + \boldsymbol{F}_n \tag{7.11}$

ここで，M は系の全質量 $M = m_1 + m_2 + \cdots + m_n$，$\boldsymbol{R}$ は式 (7.1) で定義された重心の位置ベクトル，$\boldsymbol{F}_i (i = 1, 2, \ldots, n)$ は i 番目の質点にはたらく外力である．

例 7.3 3つの質点からなる系の場合に式 (7.11) を導いてみよう．i 番目の質点が j 番目の質点におよぼす内力を $\boldsymbol{f}_{ij}$ とすると，運動方程式は

$$\begin{aligned} m_1 \frac{d^2 \boldsymbol{r}_1}{dt^2} &= \boldsymbol{F}_1 + \boldsymbol{f}_{21} + \boldsymbol{f}_{31}, \\ m_2 \frac{d^2 \boldsymbol{r}_2}{dt^2} &= \boldsymbol{F}_2 + \boldsymbol{f}_{12} + \boldsymbol{f}_{32}, \\ m_3 \frac{d^2 \boldsymbol{r}_3}{dt^2} &= \boldsymbol{F}_3 + \boldsymbol{f}_{13} + \boldsymbol{f}_{23} \end{aligned} \tag{7.12}$$

となる．これら3つの式を加えると，2つの質点の場合と同様の計算および重心の定義 (7.3) により，左辺は式 (7.11) の左辺に等しいことがわかる．一方，右辺は作用・反作用の法則 $\boldsymbol{f}_{ji} = -\boldsymbol{f}_{ij}$ より内力は打ち消し合って外力のみが残り，式 (7.11) が得られる． ■

このように，質点系の重心はあたかも系の全質量が集中した質点であるかのようにふるまう．重心の運動を求めるだけであれば，系の内部にどのような力がはたらいているかを知る必要はなく，系の外部からはたらく力のみわかればよい．つまり，大きさのある物体であっても，重心の移動を考えるだけならば，前章までで扱った質点の力学の範囲で十分ということになる．

§7.4　ばねでつながった2つの質点

質点系の重心は外力のみに従って運動することがわかったが，質点系を構成する個々の質点は内力の影響も受けるので，一般に複雑な運動をするはずである．ばねでつながった2つの質点からなる系を例に，その様子を見てみよう．

§7.4.1　重心運動と相対運動

2つの質点（質量 m_1, m_2）を直線上におき，自然長 l，ばね定数 k のばねでつなぐ（図 7.5）．質点の位置を $x_1, x_2 \, (x_1 < x_2)$ とするとばねの伸びは $x_2 - x_1 - l$ と表されるので，2つの質点の運動方程式は次のようになる．

$$m_1 \frac{d^2 x_1}{dt^2} = k(x_2 - x_1 - l), \quad m_2 \frac{d^2 x_2}{dt^2} = -k(x_2 - x_1 - l) \tag{7.13}$$

図 7.5 ばねでつながった 2 つの質点.

(第 1 式の右辺の符号がプラスなのは，ばねが伸びているとき，左側の質点がばねから受ける力が右向きとなるからである．) これら 2 つの式を加えると，次のような重心の運動方程式が得られる．

$$M\frac{d^2X}{dt^2} = 0 \tag{7.14}$$

ここで，$M = m_1 + m_2$ は系の全質量，X は重心の位置

$$X = \frac{m_1 x_1 + m_2 x_2}{m_1 + m_2} \tag{7.15}$$

を表す．今の場合，外力ははたらいていないので，重心の運動方程式 (7.14) の右辺はゼロとなる．つまり，重心は等速直線運動を行う．

例題 7.4 図 7.5 の系で，$m_1 = 2m, m_2 = m$ とする．系をつりあいの位置で静止させ，質点 1 にのみ初速度 v_0 を与えたとき，その後の系の重心の運動を求めよ．

[解] 系の重心座標 X は $X = (2mx_1 + mx_2)/(2m + m) = (2x_1 + x_2)/3$ となる．初期条件 $x_1(0) = 0, x_2(0) = l, \dot{x}_1(0) = v_0, \dot{x}_2(0) = 0$ より，重心座標 X の初期条件は

$$X(0) = \frac{2x_1(0) + x_2(0)}{3} = \frac{l}{3}, \quad \dot{X}(0) = \frac{2\dot{x}_1(0) + \dot{x}_2(0)}{3} = \frac{2}{3}v_0 \tag{7.16}$$

となる．系に外力がはたらいていないので X は等速直線運動をする．初期条件より

$$X(t) = X(0) + \dot{X}(0)t = \frac{l}{3} + \frac{2}{3}v_0 t \tag{7.17}$$

を得る． ∎

重心のまわりの運動を調べるために，2 つの質点の**相対座標**

$$x = x_2 - x_1 \tag{7.18}$$

§7.4 ばねでつながった2つの質点

図 7.6 ばねでつながった2つの質点の運動．重心（×）の等速直線運動と重心のまわりの単振動の重ね合わせになる．

を考える．運動方程式 (7.13) より，x は

$$\frac{d^2x}{dt^2} = \frac{d^2x_2}{dt^2} - \frac{d^2x_1}{dt^2} = -\frac{k}{m_2}(x-l) - \frac{k}{m_1}(x-l)$$
$$= -k\left(\frac{1}{m_1} + \frac{1}{m_2}\right)(x-l) \quad (7.19)$$

という式を満たすことがわかる．ここで，

$$\frac{1}{\mu} = \frac{1}{m_1} + \frac{1}{m_2} \quad (7.20)$$

となるように μ という量を定めると，式 (7.19) は次のように書き直すことができる．

$$\mu \frac{d^2x}{dt^2} = -k(x-l) \quad (7.21)$$

この式は自然長 l，ばね定数 k のばねにつながれた質量 μ の質点の運動方程式である．（質量 μ は**換算質量**と呼ばれる．）したがって，第3章の結果より，相対座標 x は $x = l$ を中心とする角振動数 $\sqrt{k/\mu}$ の単振動を行う．

$$x(t) = l + A\sin(\omega t + \alpha), \quad \omega = \sqrt{\frac{k}{\mu}} \quad (A, \alpha \text{ は定数}) \quad (7.22)$$

以上より，この2つの質点からなる系の運動は，等速直線運動する重心のまわりで2つの質点が単振動するというものであることがわかった（図7.6）．この例に限らず，一般に質点系の運動は，重心の運動とそのまわりで個々の質点が行う運動が組み合わさったものとして理解できる．

例 7.5 例題 7.4 の場合について，重心のまわりの相対運動を具体的に求めてみよう．式 (7.20) に $m_1 = 2m, m_2 = m$ を代入すると換算質量 μ は

$$\mu = \frac{m_1 m_2}{m_1 + m_2} = \frac{2}{3}m \quad (7.23)$$

となる．したがって，相対座標 x の角振動数 ω は $\omega = \sqrt{k/\mu} = \sqrt{3k/(2m)}$ と表される．初期条件 $x_1(0) = 0, x_2(0) = l, \dot{x}_1(0) = v_0, \dot{x}_2(0) = 0$ より，x の初期条件は

$$x(0) = x_2(0) - x_1(0) = l, \quad \dot{x}(0) = \dot{x}_2(0) - \dot{x}_1(0) = -v_0 \tag{7.24}$$

となる．この初期条件を満たすように一般解 (7.22) の定数 A, α を定めれば求める解が得られる．結果は

$$x(t) = l - \frac{v_0}{\omega} \sin \omega t \tag{7.25}$$

となる．左側の質点にのみ初速を与えたことに対応して，最初のうち，ばねは自然長から縮んでいく． ∎

§7.4.2 質点系のエネルギー

最後に，図 7.5 の系の持つエネルギーについて考えてみよう．系は2つの質点とばねからなるので，そのエネルギー E は構成要素それぞれの持つエネルギー（2つの質点の持つ運動エネルギーおよびばねのポテンシャル）の和で与えられると考えるのが自然であろう．

$$E = K + \frac{1}{2}k(x_2 - x_1 - l)^2 \tag{7.26}$$

ここで，K は2つの質点の運動エネルギーの和（系の運動エネルギー）である．

$$K = \frac{1}{2}m_1 \dot{x}_1^2 + \frac{1}{2}m_2 \dot{x}_2^2 \tag{7.27}$$

実際，このように定めた E は時間的に変化しない（つまり，保存する）量となっていることが以下のようにしてわかる．まず，系の運動エネルギー (7.27) を時間 t で微分する．

$$\frac{dK}{dt} = m_1 \dot{x}_1 \ddot{x}_1 + m_2 \dot{x}_2 \ddot{x}_2 = k(x_2 - x_1 - l)(\dot{x}_1 - \dot{x}_2) \tag{7.28}$$

ここで，最後の等号では運動方程式 (7.13) を使った．続いてエネルギー (7.26) を時間で微分し，上の結果を代入すると

$$\frac{dE}{dt} = k(x_2 - x_1 - l)(\dot{x}_1 - \dot{x}_2) + k(x_2 - x_1 - l)(\dot{x}_2 - \dot{x}_1) = 0 \tag{7.29}$$

§7.4 ばねでつながった2つの質点

となり，確かに E は時間的に一定であることがわかる．

系の運動を求めたときと同様に，エネルギー E についても重心座標 X と相対座標 x を使った書き直しを行ってみることにしよう．式 (7.15) と式 (7.18) を x_1, x_2 について解いて，2つの質点の座標 x_1, x_2 を重心座標 X と相対座標 x で表すと

$$x_1 = X - \frac{m_2}{M}x, \quad x_2 = X + \frac{m_1}{M}x \tag{7.30}$$

となる．この式を系の運動エネルギー K の定義 (7.27) に代入すると，

$$K = \frac{1}{2}m_1\left(\dot{X} - \frac{m_2}{M}\dot{x}\right)^2 + \frac{1}{2}m_2\left(\dot{X} + \frac{m_1}{M}\dot{x}\right)^2 = \frac{1}{2}M\dot{X}^2 + \frac{1}{2}\mu\dot{x}^2 \tag{7.31}$$

という結果が得られる．ここで，μ は式 (7.20) で定義される換算質量である．系のエネルギー E は運動エネルギー K にばねのポテンシャルを加えたものだから

$$E = \frac{1}{2}M\dot{X}^2 + \frac{1}{2}\mu\dot{x}^2 + \frac{1}{2}k(x-l)^2 \tag{7.32}$$

となることがわかる．

式 (7.32) の第1項は重心に全質量 M が集中したと見なしたときの運動エネルギーであり，重心運動（等速直線運動）のエネルギーを表している．一方，残りの項（第2項と第3項）はばね定数 k のばねにつながれた質量 μ の質点のエネルギーを表しており，相対運動（単振動）の持つエネルギーに一致している．このように，質点系のエネルギーは重心と相対運動それぞれのエネルギーを加えたものとして表すことができる．

【参考】 図 7.5 の系を2つの原子からなる分子のモデルと考えてみよう．（ただし，原子間距離 $x = x_2 - x_1$ がばねの自然長 l と同程度（微小振動）の場合に限る．より実際に近いモデルにするためには，ばねのかわりに例 5.9 のモース・ポテンシャルを用いるとよい．）二原子分子と考えたとき，式 (7.32) の第1項は分子を一つの質点と考えたときの運動エネルギーであり，ふつう「分子の運動エネルギー」と呼ばれるものである．第2項以降は分子が質点ならば存在しないはずの項であり，分子が内部構造を持つ（この場合は2つの原子からなる）ことに対応したエネルギーを表している． □

問題

7.1 以下のそれぞれの場合について重心の位置を求め，xy 平面上に図示せよ．
(1) $\boldsymbol{r}_1 = (0,0)$, $\boldsymbol{r}_2 = (a,0)$, $m_1 = m$, $m_2 = 3m$．
(2) $\boldsymbol{r}_1 = (0,0)$, $\boldsymbol{r}_2 = (2a,0)$, $\boldsymbol{r}_3 = (a,b)$, $m_1 = m_2 = m_3 = m$．

7.2 自然長 l，ばね定数 k のばねの両端に，それぞれ質量 $2m, m$ のおもり P, Q を取り付け，なめらかな水平面上で運動させる．P の左側には壁があり，壁との衝突により，P の速度は瞬間的に（大きさは変わらず）逆向きになるものとする．

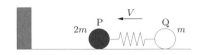

(1) ばねの長さを自然長に保ったまま，2 つのおもりに初速 $-V$ を与えた．（右向きを正とする．）このとき，系の重心の速度を求めよ．
(2) P が壁に衝突した直後の系の重心の速度を求めよ．
(3) 衝突の前後における重心の運動エネルギーの変化を求めよ．
(4) 衝突の前後における相対運動のエネルギーの変化を求め，系の全エネルギーが保存していることを確かめよ．

7.3 質量 M, m $(M > m)$ の 2 つの原子からなる二原子分子を考える．2 つの原子の間にはたらく力がモース・ポテンシャル

$$U(x) = D(1 - e^{-a(x-x_0)})^2 \quad (D, a, x_0 \text{ は正の定数})$$

で与えられるとして，以下の問いに答えよ．

(1) 原子間隔が $x = x_0$ で 2 つの原子が静止している状態で，軽い原子（質量 m）に初速 $v = v_0 (> 0)$ を与えた．このとき，分子の重心の速度を求めよ．
(2) 分子の相対運動のエネルギーを求めよ．
(3) 分子が解離する（x が無限大となる）ためには，v_0 がある値 v_c より大きくなければならない．v_c を求めよ．
(4) 得られた結果について，問題 5.3 の結果と比較せよ．

第8章

剛体の運動

大きさはあるが変形しない物体を剛体という．この章では，これまで学んだことをもとに，剛体の回転運動を定める運動方程式（回転の運動方程式）の導出を行う．

目的

- 剛体とは何かを理解する．
- 回転の運動方程式とはどのようなものかを学ぶ．
- 慣性モーメントとトルクの定義を理解し，簡単な場合に計算できるようになる．

---

§8.1 剛体

力を加えても決して変形しない（理想的な）物体を**剛体**という．もちろん現実にそのような物体は存在しないが，物体が十分に固い（もしくは物体に加える力が十分に小さい）ならば，変形の程度は無視できるほど小さいと考えられるため，十分によい近似で物体を剛体とみなすことができる．

剛体は変形しないので，位置と向きを指定すれば配置が定まる．つまり，剛体の運動は位置の変化（**並進運動**）に向きの変化（**回転運動**）を組み合わせたものとなる．このうち，並進運動は重心の運動に相当し，第7章で学んだように，重心に全質量が集まった質点の運動として扱うことができる．一方，回転運動は質点には見られない，大きさのある物体に特有の運動である．

この章では剛体の回転運動について，これまで学んだことに基づき，運動がどのように定まるかを考えていく．ただし，一般の回転運動の取り扱いはやや難しいので，以下では剛体が固定された回転軸のまわりに回転している場合

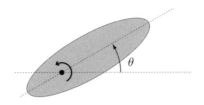

図 8.1 固定軸のまわりに回転する剛体．剛体の回転運動が定まるということは時間 t の関数としての回転角の関数形 $\theta(t)$ が定まるということである．

（回転軸の位置も向きも変わらない場合）に限定して考えることにする[*1]．

【参考】 剛体を質点系と考えると，剛体が変形しないということは，系を構成する質点相互の位置関係が変わらないということである．質点の間にはたらく力（系の内力）がとても強い（物体が固い）ため，質点どうしが近づくことも遠ざかることもできず，質点間の距離が一定に保たれるという状況を考えていることになる．§7.4 の 2 つの質点からなる系の場合，質点をつなぐばねのばね定数が無限大の極限では質点間の距離がばねの自然長のまま変化できなくなり，系は剛体になる． □

§8.2 回転運動の記述

固定された回転軸のまわりに回転している剛体を考える（図 8.1）．適当な方向を基準にとった剛体の回転角を θ としよう．剛体は回転しているので θ は時間 t とともに変化する．つまり，θ は t の関数 $\theta(t)$ である．並進運動が定まるということが物体（質点）の位置 $x(t)$ の関数形が定まることを意味していたのと同様に，回転運動が定まるということは回転角 $\theta(t)$ の関数形が定まるということである．

並進運動において，速度とは位置の変化率のことであった．回転運動の場合，速度に相当するものは回転角 θ の変化率であり，**角速度**と呼ばれる[*2]．

$$\text{角速度の定義} \quad \omega = \frac{d\theta}{dt} \tag{8.1}$$

[*1] 傾いて回転しているコマを考えればわかるように，一般に回転軸の向きは時間とともに変化する．回転軸の向きが変化する場合の扱いについては巻末の補章を参照のこと．

[*2] 角速度を表す文字としては ω（またはその大文字 Ω）を使うことが多い．

§8.3 回転の運動エネルギー

図 8.2　半径 r の円運動をする質点．円運動の角速度が ω のとき質点の速さは $r\omega$ となる．

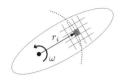

図 8.3　剛体が回転するとき，剛体を構成する各微小部分は，回転軸からの距離を半径とする円運動を行う．

θ が時間の関数であるから，角速度 ω も時間の関数である[*3]．

並進運動の場合，力が与えられれば運動方程式から運動を定めることができた．以下で見ていくように，回転運動に対しても同様の式（回転の運動方程式）を導くことができる．

【参考】　前ページで述べたように，剛体は質点相互の位置関係が変化しない特殊な質点系と考えることができる．図 8.1 の運動は，質点系の立場から見ると，系を構成する（一般に無数の）質点が，いっせいに同じ角速度で円運動している状況に相当する（図 8.3 参照）．一般の質点系であれば個々の質点は独立に動き得るわけだが，剛体の場合，相互の位置関係が変化しないという強い縛りがあるため，すべての質点がそろって動くことになる．つまり，剛体の運動では，個々の質点の運動を考える必要はなく，系全体の集団運動（並進，回転）のみを考えればよい．質点系であるにもかかわらず，並進と回転の運動方程式だけで剛体の運動が定まるのはこのためである．　□

§8.3　回転の運動エネルギー

回転の運動方程式を導くための準備として，回転している剛体が持つ運動エネルギーを求めることを考える．

質量 m の質点が半径 r の円運動をしている場合の運動エネルギーを求めてみよう（図 8.2）．例 1.8 で見たように，回転の角速度を ω とすれば質点の速さは $v = r\omega$ で与えられるから，質点の運動エネルギー K は

$$K = \frac{1}{2}mv^2 = \frac{1}{2}m(r\omega)^2 = \frac{1}{2}mr^2\omega^2 \tag{8.2}$$

[*3] もちろん「関数」には定数となる場合も含まれる．

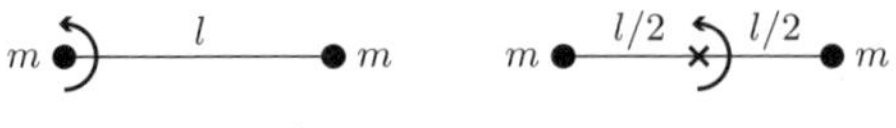

図 8.4 両端に質量 m の質点がついた質量の無視できる剛体棒.

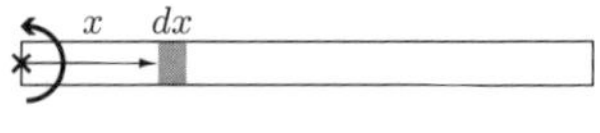

図 8.5 一様な剛体棒の微小部分への分割.

と表すことができる.

この結果を使って回転している剛体の運動エネルギーを求めるには，剛体を多数の微小部分に分割して質点系と考えればよい（図 8.3）．剛体の i 番目の微小部分の質量を m_i，回転軸からの距離を r_i とすれば，式 (8.2) より各微小部分の持つ運動エネルギーは $\frac{1}{2}m_i(r_i\omega)^2$ となる．剛体の運動エネルギー K はこれをすべての微小部分について足し合わせたものだから

$$K = \sum_i \frac{1}{2}m_i(r_i\omega)^2 = \frac{1}{2}\sum_i m_i r_i^2 \omega^2 = \frac{1}{2}I\omega^2 \tag{8.3}$$

という形に書ける．右辺の I は剛体とその回転軸が与えられれば定まる定数であり，剛体の回転軸まわりの**慣性モーメント**と呼ばれる.

慣性モーメントの定義

$$I = \sum_i (\text{微小部分の質量 } m_i) \times (\text{回転軸からの距離 } r_i)^2 \tag{8.4}$$

ここで，和は剛体を構成するすべての微小部分にわたる.

例 8.1 質量の無視できる長さ l の剛体棒（変形しない棒）の両端にそれぞれ質量 m の質点を取り付け，剛体棒の一端を通り剛体棒に直交する方向を軸に回転させる（図 8.4 左）．このとき，一つの質点の回転半径は l，もう一方は 0 だから慣性モーメント I は

$$I = ml^2 + m0^2 = ml^2 \tag{8.5}$$

となる．次に，剛体棒の中点を通り剛体棒に直交する方向を軸に回転させると，2つの質点の回転半径はいずれも $l/2$ となるから慣性モーメントは

$$I = m\left(\frac{l}{2}\right)^2 + m\left(\frac{l}{2}\right)^2 = \frac{1}{2}ml^2 \tag{8.6}$$

§8.4 回転の運動方程式

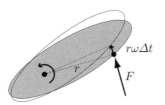

図 8.6 剛体の回転軸から距離 r の点にはたらく外力（大きさ F）．回転の角速度を ω とすると，力のはたらく点は微小時間 Δt の間に $r\omega\Delta t$ だけ移動するので，外力のする仕事は $Fr\omega\Delta t$ となる．

となる（図 8.4 右）．このように，同じ剛体でも，回転軸の取り方を変えると慣性モーメントの値は変わる．∎

連続的な物体に対しては，式 (8.4) の和を積分に置き換えればよい．

例 8.2 長さ l，質量 M の一様な剛体棒を，剛体棒の一端を通り剛体棒に直交する方向を軸に回転させる（図 8.5）．この場合の慣性モーメントを計算するには例 7.2 と同様に剛体棒を無限小の長さの微小部分に分割すればよい．棒の一端（回転の中心）を原点として x 軸を取る．位置 x における長さ dx の微小部分の回転半径は x，質量は $\dfrac{M}{l}dx$ となるから，慣性モーメントは

$$I = \int_0^l x^2 \frac{M}{l} dx = \frac{1}{3}Ml^2 \qquad (8.7)$$

と求まる．∎

§8.4 回転の運動方程式

第 4 章で学んだように，物体の運動エネルギーは物体になされた仕事の分だけ変化する．この関係を剛体の回転運動の場合に適用すると，回転の運動方程式を導くことができる．

固定された軸を中心に回転している剛体に対して，回転軸から距離 r の点に回転方向に沿って外力（大きさ F）がはたらいている状況を考える（図 8.6）．ただし，外力の向きは回転角 θ が増加する方向を正の向きとする．式 (8.3) よ

り，剛体の運動エネルギー K は剛体の慣性モーメント I と回転の角速度 ω によって与えられる．外力のはたらきにより微小時間 Δt の間に角速度 ω が微小量 $\Delta \omega$ だけ変化したとすると，K の変化 ΔK は

$$\Delta K = \frac{dK}{d\omega}\Delta \omega = I\omega\,\Delta\omega \tag{8.8}$$

となる．一方，外力が作用している点は時間 Δt の間に $v\Delta t = r\omega\Delta t$ だけ移動するから，その間に外力がした仕事 ΔW は

$$\Delta W = Fv\,\Delta t = Fr\omega\,\Delta t \tag{8.9}$$

と表される．運動エネルギーの変化 ΔK はなされた仕事 ΔW に等しいので

$$I\omega\,\Delta\omega = Fr\omega\,\Delta t \tag{8.10}$$

が成り立つ[*4]．この式の両辺を $\omega\,\Delta t$ で割って，$\Delta t \to 0$ の極限を取ると次の式（**回転の運動方程式**）が得られる．

回転の運動方程式 $\quad I\dfrac{d\omega}{dt} = N \tag{8.11}$

ここで，右辺の量 $N = Fr$ は回転運動に対する外力 F の影響の大きさを表しており，外力の**トルク**（または**力のモーメント**）と呼ばれる[*5]．回転方向と直交する力は回転運動に対して仕事をしないため，トルクに寄与するのは力の回転方向成分のみである．

トルクの定義 $\quad N = $ 回転軸からの距離 × 力の回転方向成分 $\tag{8.12}$

回転の運動方程式 (8.11) と並進運動の運動方程式 $m\dfrac{dv}{dt} = F$ はよく似ている．速度 v に相当するものが角速度 ω であり，質量 m，力 F にはそれぞれ慣性モーメント I，トルク N が対応する．質量 m が物体の動きにくさ（慣性）を表す量であるのと同様に，慣性モーメント I は剛体の回転しにくさを表す量と言える．

[*4] 剛体を構成する各部分には外力の他に剛体の他の部分から内力もはたらいているが，内力は剛体の形を保つだけで仕事をしないので，右辺では外力の寄与のみ考えればよい．

[*5] 正確にはトルクはベクトル量であり，ここで定義した N はトルクの回転軸方向成分である．詳細は巻末の補章を参照のこと．

§8.4 回転の運動方程式

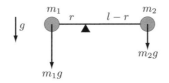

図 8.7　長さ l の質量の無視できる剛体棒の両端に取り付けられた質量 m_1, m_2 の2つのおもり．重心の位置で棒を支えるとトルクがつりあって棒は回転しない．

剛体が静止しているとき，角速度 ω はゼロで一定であり，その微分 $\dfrac{d\omega}{dt}$ もゼロである．このとき，回転の運動方程式 (8.11) より剛体にはたらく外力のトルクもゼロとならなければならない．つまり，剛体が静止しているならば剛体にはたらくトルク（の総和）は必ずゼロである．これを**トルクのつりあい**（または，**力のモーメントのつりあい**）という．

例題 8.3　図 8.7 のように，長さ l の質量の無視できる剛体棒の両端にそれぞれ質量 m_1, m_2 のおもりを取り付け，質量 m_1 のおもりから距離 r の位置を支点に支えたところ，剛体棒は回転せずに静止した．このとき，支点の位置 r を定めよ．

[解]　重力加速度の大きさを g とすると，それぞれのおもりには鉛直下向きに大きさ $m_1 g, m_2 g$ の重力がはたらく．おもり m_1 が下降する向きを回転の正の向きとすると支点まわりのトルク N は

$$N = m_1 g r + (-m_2 g)(l - r) \tag{8.13}$$

となる．（この他に，剛体棒を支える外力が支点にはたらくが，力が作用する点（作用点）と支点が一致し，支点と作用点の距離がゼロとなるからトルクもゼロとなる．）トルクのつりあい $N = 0$ より求める位置は $r = \dfrac{m_2}{m_1 + m_2} l$（つまり系の重心）となる．■

【参考】　トルクの定義 (8.12) より，小さい力でも，支点までの距離を大きく取れば大きなトルクを生じることができる（てこの原理）．日常生活で見られる様々な道具がこのことを利用して作られている．（栓抜き，ドアノブ，自転車のペダル，など．）　□

問題

8.1 以下のそれぞれの場合について慣性モーメントを求めよ．
  (1) 質量 m のおもりを長さ l の軽い剛体棒の一端に取り付け，剛体棒の他端を中心に回転させる．
  (2) 質量 $2m, m$ のおもりを長さ l の軽い剛体棒の端に取り付け，重心を中心に回転させる．
  (3) 質量 M，長さ l の一様な剛体棒を棒の重心（中点）を中心に回転させる．

8.2 右図のように，半径 a の滑車（軸まわりの慣性モーメント I）に質量の無視できる糸をまきつけ，2つのおもり（質量 m_1, m_2）を糸の先端にとりつける．左側のおもりの速度を鉛直下向きに v，滑車の回転の角速度を ω，重力加速度の大きさを g として，以下の問いに答えよ．

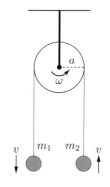

  (1) 左の糸の張力を T_1，右の糸の張力を T_2 として，2つのおもりの運動方程式を与えよ．
  (2) 滑車の回転の運動方程式を与えよ．ただし，滑車は軸のまわりになめらかに回転するものとする．（重力のトルクは考えなくてよい．）
  (3) 糸と滑車の間にすべりがない場合について，運動方程式から張力を消去し，おもりの落下加速度を求めよ．

第 9 章

剛体振り子

固定された軸のまわりに回転する剛体の例として，剛体でできた振り子（剛体振り子）を取り上げ，運動方程式を使って運動を求める過程を解説する．

目的

- 重力のトルクが計算できるようになる．
- 回転の運動方程式を使って剛体振り子の運動を理解する．

固定された回転軸のまわりに自由に回転できるように剛体を設置し，重力の作用のもとで鉛直面内で運動させることを考える（**剛体振り子**）．この系の運動を求めるには回転の運動方程式 (8.11) を立てて解けばよいが，そのためには回転軸まわりの剛体の慣性モーメント I と重力のトルク N を知る必要がある[*1]．慣性モーメントの計算は前章で扱ったので，以下では重力のトルクの求め方について述べる．

§9.1 重力のトルク

まず，系が一つの質点のみからなる場合について，重力のトルクを計算してみよう．質量の無視できる長さ r の剛体棒の先端に質点（質量 m）を取り付け，剛体棒のもう一端を支点として鉛直面内で回転させる（図 9.1）．支点を原点として，水平方向に x 軸，鉛直上向きに y 軸を取る．鉛直下方からはかった剛体棒の回転角を θ とすると質点の位置は

$$(x, y) = (r\sin\theta, -r\cos\theta) \tag{9.1}$$

[*1] 重力の他に，剛体を支える力が回転軸からはたらいているが，回転軸と力の作用点（=回転軸）の間の距離がゼロなのでトルクには寄与しない．

第 9 章 剛体振り子

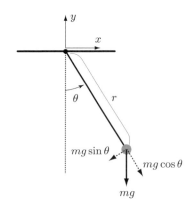

図 9.1 質量の無視できる長さ r の剛体棒の先端につけた質量 m の質点．鉛直下方からはかった回転角を θ とすると，質点にはたらく重力の回転方向成分は $-mg\sin\theta$ となる．

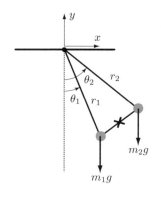

図 9.2 質量の無視できる剛体棒でつながれた 2 つの質点からなる系．重力のトルクは系の重心（×）に全質量が集中していると考えて計算したものと等しい．

と表される．このとき，重力加速度の大きさを g として，重力の回転方向成分は $-mg\sin\theta$（回転角が増加する方向と逆向きなのでマイナスがつく）となるから，支点まわりの重力のトルク N は

$$N = -mgr\sin\theta \tag{9.2}$$

と与えられる．この結果は質点の座標 (9.1) を使うと

$$N = -mgx \tag{9.3}$$

と表すこともできる．

次に，系が複数の質点からなる場合を考える．i 番目の質点の質量を m_i，回転軸からの距離を r_i，鉛直下方を基準とした回転角を θ_i とする（図 9.2）．i 番目の質点にはたらく重力のトルク N_i は式 (9.2)，(9.3) と同様にして

$$N_i = -m_i g r_i \sin\theta_i = -m_i g x_i \tag{9.4}$$

となる．ここで，x_i は i 番目の質点の x 座標である．質点系全体にはたらくトルク N を求めるには，すべての質点について N_i を求め，足し合わせれば

§9.1 重力のトルク

図 9.3 傾いた剛体にはたらく重力のトルク．剛体の重心が回転軸の真上に達するまでは剛体は元に戻ろうとするが，真上をこえると剛体は倒れてしまう．

図 9.4 剛体が倒れない最大の角度 $\theta_{\max}$ は重心の位置が低いほど大きくなり，剛体は倒れにくくなる．

よい．

$$N = \sum_i N_i = \sum_i (-m_i g x_i) = -\left(\sum_i m_i x_i\right)g \tag{9.5}$$

重心の定義 (7.1) より，右辺の括弧内は系の重心の x 座標 X に系の全質量 $M = \sum_i m_i$ をかけたものであるから，式 (9.5) は

$$N = -MgX \tag{9.6}$$

と書き直すことができる．この式は一つの質点の場合の結果 (9.3) で質量を M, x 座標を X としたものである．つまり，質点系にはたらく重力のトルクは，重心の位置に全質量が集中した質点を考えて計算したものと等しい．

一般の剛体は多数の微小部分に分割することにより質点系と見なすことができるので，質点系と同様に，全質量が重心に集中したと考えて重力のトルクを計算すればよい．

例 9.1 直方体の剛体を水平面上に置き，底面の一つの辺を軸として，手で支えながら傾ける[*2]．剛体から手を離すと，剛体は重力のトルクにより水平面と接する辺のまわりに回転を始める[*3]．重力のトルクは剛体の重心に全質量が集中したと考えた場合と等しいから，重心が回転軸の真上にあるときはトルクはゼロである．一方，重心が真上から外れると，重心を真上から遠ざけようと

[*2] 水平面は十分にあらく（つまり，摩擦がはたらき），剛体はすべらないものとする．
[*3] この他に水平面から垂直抗力と摩擦力がはたらくが，回転軸と力の作用点の距離がゼロなのでトルクに寄与しない．

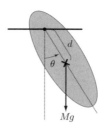

図 9.5 剛体振り子. 回転軸と剛体の重心を結ぶ線分が鉛直下方となす角を θ, 回転軸から重心までの距離を d とすると, 重力のトルクは $-Mgd\sin\theta$ と表される.

する向きにトルクがはたらく*4. つまり, 剛体を徐々に傾けていくとき, 重心が回転軸の真上に達するまでは手を離しても剛体は倒れずに元に戻ろうとするが, 重心が回転軸の真上をこえると剛体は倒れてしまう (図 9.3). 剛体が倒れない最大の角度 $\theta_{\max}$ は, 回転軸から見た重心の位置で決まる (図 9.4). 同じ大きさの剛体であれば, 重心の位置が低いほど $\theta_{\max}$ は大きくなり, 剛体は倒れにくくなる. (つまり, 重心の位置が低いほど物体は安定する.) ∎

§9.2 運動方程式と解

重力のトルクの計算方法がわかったので, 剛体振り子の運動を求める問題に戻ることにしよう. 回転軸と剛体の重心を結ぶ線分が鉛直下方となす角を θ とし, 回転軸から重心までの距離を d とする (図 9.5). このとき重力のトルク N は, 前節の結果から, 全質量 M が重心に集まったと考えて計算すればよいので

$$N = -Mgd\sin\theta \tag{9.7}$$

となる. 剛体の回転の角速度は式 (8.1) で与えられるから, 回転軸まわりの慣性モーメントを I として, 回転の運動方程式 (8.11) は次のようになる.

$$I\frac{d^2\theta}{dt^2} = -Mgd\sin\theta \tag{9.8}$$

---

*4 これは 48 ページで述べた不安定な平衡点の例になっている.

§9.2 運動方程式と解

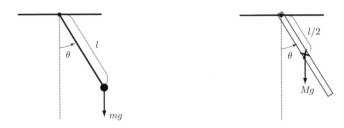

図 9.6 質量 m, 長さ l の単振り子. 　図 9.7 質量 M, 長さ l の一様な剛体棒.

両辺を I で割ると

$$\frac{d^2\theta}{dt^2} = -\frac{Mgd}{I}\sin\theta \tag{9.9}$$

となるが，この式は第 6 章で扱った単振り子の運動方程式 (6.10) と同じ形である．つまり，剛体振り子は長さ $l = \dfrac{I}{Md}$ の単振り子とまったく同じ運動をすることになる．特に，振り子の振れ角 θ が十分小さければ $\sin\theta \approx \theta$ と近似することができて，運動は単振動になる．

例 9.2 単振り子 最も簡単な例として，図 9.6 のように，質量の無視できる長さ l の剛体棒の先端に質量 m の質点をつけたものを考える．（これは §6.2 の単振り子そのものである．）支点まわりの慣性モーメント I は定義 (8.4) より $I = ml^2$ である．鉛直下方を基準とした棒の振れ角を θ とすると，重力のトルク N は $N = -mgl\sin\theta$ と書ける．以上より，回転の運動方程式 (8.11) は

$$ml^2 \frac{d^2\theta}{dt^2} = -mgl\sin\theta \tag{9.10}$$

となり，両辺を $I = ml^2$ で割ると §6.2 で導いた式 (6.10) が得られる．ここから先は §6.2 と同じ手順により，振れ角 θ が十分に小さいときの運動が，角振動数 $\sqrt{g/l}$ の単振動となることがわかる． ■

例 9.3 一様な剛体棒 太さの無視できる一様な剛体棒（質量 M, 長さ l）を，棒の端点を支点として運動させる場合を考える（図 9.7）．端点まわりの慣性モーメント I は，例 8.2 の結果から $I = \dfrac{1}{3}Ml^2$ である．また，剛体棒は一様なので，その重心は（例 7.2 で確認したように）棒の中点になる．したがっ

て，剛体棒にはたらく重力のトルク N を求めるには，棒の中点に質量 M の質点があると考えてトルクを計算すればよい．回転軸から距離 $l/2$ の点に大きさ Mg の力がはたらいていることになるので，鉛直下方を基準とした剛体棒の振れ角を θ とすると，トルクは $N = -\frac{1}{2}Mgl\sin\theta$ となる．以上より，回転の運動方程式は

$$\frac{1}{3}Ml^2\frac{d^2\theta}{dt^2} = -\frac{1}{2}Mgl\sin\theta \tag{9.11}$$

と書ける．両辺を $I = \frac{1}{3}Ml^2$ で割ると

$$\frac{d^2\theta}{dt^2} = -\frac{3g}{2l}\sin\theta \tag{9.12}$$

となって，単振り子の方程式 (6.10) と同じ形の式が得られる．単振り子の場合と同様に，振れ角 θ が十分小さい場合には $\sin\theta \approx \theta$ と近似することができて，この式は単振動の方程式 (3.3) の形

$$\frac{d^2\theta}{dt^2} = -\frac{3g}{2l}\theta \tag{9.13}$$

になる．方程式 (3.3) との比較から，振動の角振動数は $\sqrt{\frac{3g}{2l}}$ となることがわかるが，この値は単振り子の場合の値 $\sqrt{g/l}$ よりも大きい．つまり，長さが同じならば，単振り子よりも一様な棒の方が速く振動することになる．（章末の問題 9.3 も参照のこと．） ■

§9.3 エネルギー保存則

§6.3 で見たように，単振り子の運動ではおもりの運動エネルギーと重力のポテンシャルの和で与えられるエネルギーが保存していた．おもりには糸の張力もはたらいているが，張力は仕事をしない力（束縛力）であるため，エネルギーを考える上では張力のことを忘れてもよかったのである．

同様に，剛体の形を保つ力は（剛体が変形しないので）仕事をしない[*5]．したがって，剛体にはたらく外力がポテンシャルを持てば，剛体の運動について

[*5] すでに，回転の運動方程式 (8.11) を導く際にこのことを使った．

§9.3 エネルギー保存則

もエネルギー保存則が成立するはずである．これを剛体振り子の場合に確認してみよう．

剛体振り子にはたらく外力は重力と回転軸を通して剛体を支える力の2つである．このうち，剛体を支える力は仕事をしない（回転軸の位置は動かない）ので，エネルギーに寄与する力は重力のみである．重力のトルクの計算と同様に剛体を多数の微小部分に分割して考えると，重力のポテンシャル U は次のように与えられる．

$$U = \sum_i m_i g y_i = \left(\sum_i m_i y_i\right) g \tag{9.14}$$

ここで，y_i は支点を基準にはかった i 番目の微小部分の y 座標（図 9.2 参照）であり，和は剛体を構成する全微小部分にわたる．重心の定義 (7.1) より，右辺のかっこ内は重心の y 座標 Y に剛体の全質量 M をかけたものに等しいので，重力のポテンシャルは

$$U = MgY \tag{9.15}$$

と表すことができる．つまり，重力のトルクと同様，重力のポテンシャルを求めるには，重心の位置に全質量が集中した質点を考えて計算を行えばよい．

図 9.5 のように，剛体の回転軸と重心の距離を d とすると，回転軸を原点に取ったときの重心の y 座標は $Y = -d\cos\theta$ と書ける．式 (9.15) より，これに Mg をかけたものが重力のポテンシャルになる．剛体の運動エネルギーは式 (8.3) で与えられるので，重力のポテンシャルと合わせてエネルギー E は

$$E = \frac{1}{2}I\dot{\theta}^2 - Mgd\cos\theta \tag{9.16}$$

となる．これを時間 t で微分すると

$$\frac{dE}{dt} = I\dot{\theta}\ddot{\theta} + Mgd\dot{\theta}\sin\theta = \dot{\theta}(I\ddot{\theta} + Mgd\sin\theta) \tag{9.17}$$

となるが，右辺の括弧内は運動方程式 (9.8) によりゼロである．つまり，エネルギー E は時間によらず一定値を取り，確かにエネルギー保存則が成り立っていることがわかる．

問題

9.1 この章で学んだことを使って例題 8.3 の結果を説明してみよ．

9.2 右図のように，質量 M，長さ l の一様な剛体棒が棒の一端を支点としてつり下げられている．棒の他端を水平方向に大きさ F の力で引っ張ったところ，棒が鉛直下方となす角が θ となってつりあった．重力加速度の大きさを g として，F の値を求めよ．

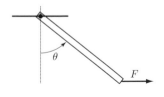

9.3 例 9.2（単振り子）の質点のかわりに，質量 m，長さ $2a\,(a<l)$ の一様な剛体棒を取り付け，長さ l の剛体棒と同じ方向を向くように固定した（右図）．重力加速度の大きさを g として，鉛直面内の微小振動の周期を求め，単振り子の結果と比較せよ．

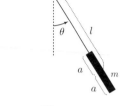

9.4 質量 M，長さ l の一様な剛体棒を，剛体棒を $1:2$ に内分する点を支点として鉛直面内で回転させる（右図上）．剛体棒が鉛直下方となす角を θ，重力加速度の大きさを g として以下の問いに答えよ．

(1) 支点のまわりの慣性モーメント，およびトルクを求めよ．

(2) θ の運動方程式を与えよ．

(3) 剛体の全エネルギー E を $M, l, g, \theta, \dot{\theta}$ のうち必要なものを使って表せ．

(4) E を時間 t で微分することにより，E が保存することを示せ．

(5) つりあいの位置（$\theta=0$）で静止している剛体棒の下端をたたいたところ，剛体棒は支点のまわりを初期角速度 ω_0 で回転し始めた（右図下）．剛体棒が支点のまわりを一回転するために ω_0 が満たすべき条件を求めよ．

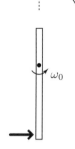

第10章
剛体の平面運動

剛体が回転運動と同時に並進運動も行う場合について，運動方程式から運動を求める過程を解説する．

目的

- 剛体の運動が並進と回転の運動方程式から定まることを理解する．
- 運動方程式を使って，落下する剛体の運動を理解する．
- 運動方程式を使って，斜面を転がる円柱の運動を理解する．

第8章のはじめに述べたように，変形しない物体である剛体にとって，可能な運動は並進と回転の2種類のみである．このうち，前章までは剛体の運動が回転運動のみで表される場合を扱った．この章では，水平面上を転がりながら移動する物体のように，並進と回転が組み合わさった運動について考える．ただし，前章までと同様に，運動の間，回転軸の方向は変わらないものとする．

§10.1 運動方程式

第7章で見たように，一般に物体（質点系）の運動は重心の運動と重心のまわりの相対運動に分けて考えることができる．剛体の場合，重心のまわりの運動とは回転運動である．重心の運動は重心に全質量が集中した質点の運動と同じであり，運動方程式 (7.11) に従う．一方，回転運動は運動方程式 (8.11) で表される．以上をまとめると，次のような運動方程式が得られる．

剛体の運動方程式
$$M\frac{d^2\boldsymbol{R}}{dt^2} = \boldsymbol{F}, \quad I\frac{d^2\theta}{dt^2} = N \qquad (10.1)$$

ここで，$\boldsymbol{R}$ は重心の位置ベクトル，θ は重心のまわりの回転角，M は全質量，I は重心（を通る回転軸）のまわりの慣性モーメント，$\boldsymbol{F}$ は全外力，N は外力による回転軸まわりの全トルクである．

【参考】 回転の運動方程式 (8.11) は回転軸が固定されている場合に導かれた式だが，今のように<u>重心のまわりの回転</u>であれば，回転軸が移動する場合でも同じ形の式が成り立つ．これを示すために，剛体を多数の質点からなる質点系と見なし，各質点の位置を $\boldsymbol{r}_i = \boldsymbol{R} + \boldsymbol{r}'_i$ と表す．$\boldsymbol{r}'_i$ は重心を基準とする相対位置である．このとき，系の全運動エネルギー K は

$$K = \sum_i \frac{1}{2} m_i \dot{\boldsymbol{r}}_i^2 = \frac{1}{2} \sum_i m_i (\dot{\boldsymbol{R}} + \dot{\boldsymbol{r}}'_i)^2 = \frac{1}{2} \sum_i m_i (\dot{\boldsymbol{R}}^2 + 2\dot{\boldsymbol{R}} \cdot \dot{\boldsymbol{r}}'_i + \dot{\boldsymbol{r}}'^2_i) \quad (10.2)$$

と書ける．（ここで，$|\dot{\boldsymbol{r}}_i|^2$ の意味で $\dot{\boldsymbol{r}}_i^2$ と書いた．）重心の定義 (7.1) より

$$M\boldsymbol{R} = \sum_i m_i \boldsymbol{r}_i = \sum_i m_i (\boldsymbol{R} + \boldsymbol{r}'_i) = M\boldsymbol{R} + \sum_i m_i \boldsymbol{r}'_i \quad (10.3)$$

となるので，$\sum_i m_i \boldsymbol{r}'_i = \boldsymbol{0}$ である．これを使うと式 (10.2) の右辺第 2 項は消えて，

$$K = \frac{1}{2} \sum_i m_i (\dot{\boldsymbol{R}}^2 + \dot{\boldsymbol{r}}'^2_i) = \frac{1}{2} M \dot{\boldsymbol{R}}^2 + \sum_i \frac{1}{2} m_i \dot{\boldsymbol{r}}'^2_i \quad (10.4)$$

となる．第 1 項は重心の運動エネルギー，第 2 項は重心のまわりの回転運動のエネルギーを表す．つまり，運動エネルギーは並進運動の部分 $K_G = \frac{1}{2} M \dot{\boldsymbol{R}}^2$ と回転運動の部分 $K' = \frac{1}{2} I \dot{\theta}^2$ の和の形に書ける．同様に，外力のする仕事も（外力が i 番目の質点にはたらくとして）

$$\Delta W = \boldsymbol{F} \cdot \Delta \boldsymbol{r}_i = \boldsymbol{F} \cdot \Delta \boldsymbol{R} + \boldsymbol{F} \cdot \Delta \boldsymbol{r}'_i \quad (10.5)$$

のように，並進部分 $\Delta W_G = \boldsymbol{F} \cdot \Delta \boldsymbol{R}$ と回転部分 $\Delta W' = \boldsymbol{F} \cdot \Delta \boldsymbol{r}'_i$ に分離する．このうち，並進部分は一つの質点の場合と同じ形なので，式 (10.1) の並進の運動方程式から $\Delta K_G = \Delta W_G$ が成り立つ．全運動エネルギーについて $\Delta K = \Delta W$ なので，回転運動部分についても $\Delta K' = \Delta W'$ が成り立つ．これは第 8 章と同じ状況であり，ここから同様の手順を経て式 (10.1) の回転の運動方程式が導かれる． □

運動方程式 (10.1) から剛体の運動がどのように定まるかを見るために，最も簡単な状況である外力がはたらかない場合を考えてみよう．外力がはたらかないので，$\boldsymbol{F} = \boldsymbol{0}$，$N = 0$ であり，運動方程式は

$$M \frac{d^2 \boldsymbol{R}}{dt^2} = \boldsymbol{0}, \quad I \frac{d^2 \theta}{dt^2} = 0 \quad (10.6)$$

§10.1 運動方程式

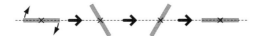

図 10.1 外力がはたらかないとき，剛体の運動は重心の等速直線運動と重心のまわりの角速度一定の回転運動の重ね合わせになる．

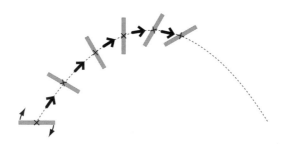

図 10.2 一様な重力のもとで，剛体の重心は放物運動する．重心まわりの重力のトルクはゼロなので，重心まわりの回転の角速度は一定となる．

となる．一つ目の式は，重心が自由運動（等速直線運動）することを表している．二つ目の式を回転の角速度 $\omega = \dfrac{d\theta}{dt}$ を使って書き換えると

$$I\frac{d\omega}{dt} = 0 \tag{10.7}$$

となり，角速度 ω は一定値を取ることがわかる．以上より，外力がはたらかないときの剛体の運動は，一定の角速度で重心のまわりに回転しながら，重心が等速直線運動するというものになる（図 10.1）．

【参考】 §7.4 で扱ったばねでつながった2つの質点からなる系で，ばね定数 k が無限大の極限（ばねが固い極限）を考えると，ばねは伸縮できなくなり，系は剛体になる．このとき，系は図 10.1 のように，一定の角速度で回転しながら，並進運動を行うことになる．系を二原子分子のモデルと考えれば，これは分子が重心のまわりに回転しながら等速直線運動している様子を表している． □

次に，一様な重力のもとで，回転しながら落下する剛体の運動を考えてみよう．ただし，剛体の回転は鉛直面内に限定されるものとする．重心の運動は上で見たように質点の運動と同じだから放物運動になる．回転運動を定めるためには重心のまわりの重力のトルクを知る必要があるが，前章で見たように，重

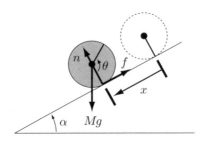

図 10.3 斜面の上を転がりながら落下する円柱．円柱には重力に加えて斜面から垂直抗力 n と摩擦力 f がはたらく．垂直抗力は並進運動，回転運動のいずれにも寄与しない．

力のトルクは重心に全質量が集中した質点を考えて計算したものと等しい．今の場合，回転軸は重心を通っているので，重心と回転軸の距離はゼロであり，トルクもゼロである．したがって，運動方程式より $\dfrac{d\omega}{dt} = 0$ となり，運動の間，回転に変化はない（図 10.2）．

§10.2　斜面を転がる円柱

並進と回転が組み合わさった運動の例として，斜面上を転がりながら落下する円柱の運動を取り上げる．水平面と角度 α をなす斜面の上に剛体の円柱（半径 a，質量 M，中心軸まわりの慣性モーメント I）を置き，斜面に沿って落下させる（図 10.3）．ただし，円柱は軸対称として，重心は中心軸上にあるものとする．斜面に沿って下向きに x 軸を取って重心（円柱の中心軸）の位置を表し，重心まわりの回転角を θ とする．

円柱にはたらく外力は重力と斜面からの垂直抗力および摩擦力[*1] である．このうち，斜面に沿った方向の外力は重力の斜面方向成分と摩擦力である．また，円柱の中心軸まわりのトルクに寄与するのは摩擦力のみである．（重力は中心軸に作用し，垂直抗力は回転方向の成分を持たないため，いずれもトルクに寄与しない．）重力加速度の大きさを g，摩擦力の大きさを f とすると運動

[*1] 以下で見るように，摩擦力がないと円柱にはトルクがはたらかず，円柱の回転は変化しない．つまり，円柱が転がり出すためには摩擦力が必要である．

§10.2 斜面を転がる円柱

方程式 (10.1) は

$$M\frac{d^2x}{dt^2} = Mg\sin\alpha - f, \quad I\frac{d^2\theta}{dt^2} = fa \tag{10.8}$$

と書ける．これら 2 つの式から f を消去すると

$$\frac{d^2}{dt^2}(Max + I\theta) = Mga\sin\alpha \tag{10.9}$$

となる．

円柱と斜面の間にすべり（スリップ）がないとしよう[*2]．このとき，円柱は回転しただけ斜面に沿って落下することになるので，重心座標 x と回転角 θ の間には $x = a\theta$ の関係がある．（ただし，$\theta = 0$ のとき $x = 0$ となるように座標を取っているものとする．）この関係を使って式 (10.9) から x を消去すると

$$(Ma^2 + I)\frac{d^2\theta}{dt^2} = Mga\sin\alpha \tag{10.10}$$

となり，さらに関係式 $x = a\theta$ から重心の加速度が次のように求められる．

$$\frac{d^2x}{dt^2} = a\frac{d^2\theta}{dt^2} = \frac{Ma^2}{Ma^2 + I}g\sin\alpha \tag{10.11}$$

右辺は定数だから，重心は等加速度運動を行うことがわかる．§6.1 で見たように，物体が滑らかな斜面の上を滑り落ちる場合の加速度の大きさは $g\sin\alpha$ であった．$I > 0$ だから，式 (10.11) の値はこれよりも小さくなっている．

例 10.1 中空の円筒と中身のつまった一様な円柱のそれぞれについて，中心軸まわりの慣性モーメントを計算して，落下加速度 (10.11) の値を具体的に求めてみよう．中空の円筒の場合，すべての質量は中心から距離 a の位置にあるから，慣性モーメントは

$$I_{筒} = Ma^2 \tag{10.12}$$

となる（図 10.4 左）．一様な円柱については，まず中心軸から距離 r の位置にある微小な厚さ dr の円筒部分について慣性モーメントを求める（図 10.4 右）．

[*2] すべりがないときの摩擦力（静止摩擦力）の大きさには上限があるので，これは摩擦力があまり大きくならないときの話である．

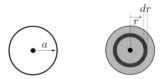

図 10.4 半径 a の中空の円筒（左）と中身のつまった一様な円柱（右）．

この円筒部分の断面積は，厚さ dr が微小なので周の長さ × 厚さで求めることができて，$2\pi r dr$ と表される．したがって，その質量 dM は $dM = \dfrac{2\pi r dr}{\pi a^2}M$，慣性モーメント dI は中空円筒と同様に考えて $dI = r^2 dM$ となる．この結果を $r=0$ から a まで加えたものが求める慣性モーメントになるから，

$$I_\text{柱} = \int_{r=0}^{r=a} dI = \int_0^a Mr^2 \frac{2\pi r dr}{\pi a^2} = \frac{2M}{a^2}\int_0^a r^3 dr = \frac{1}{2}Ma^2 \tag{10.13}$$

という結果が得られる．得られた結果を式 (10.11) に代入すると，それぞれの場合の落下加速度が

$$\ddot{x}_\text{筒} = \frac{1}{2}g\sin\alpha, \quad \ddot{x}_\text{柱} = \frac{2}{3}g\sin\alpha \tag{10.14}$$

と求まる．どちらも回転せずに滑る場合の値 $g\sin\alpha$ よりは小さいが，$I_\text{筒} > I_\text{柱}$ であるために $\ddot{x}_\text{筒} < \ddot{x}_\text{柱}$ となっている．初速ゼロで転がし始めれば，中空の円筒より中身のつまった円柱の方が速く落下することになる．∎

最後に，円柱の持つエネルギーについて調べておこう．まず，運動エネルギー K については，円筒が並進運動しながら回転しているため，重心の並進のエネルギーと重心まわりの回転のエネルギーの 2 種類の寄与があることに注意する（式 (10.4) 参照）．

$$K = \frac{1}{2}M\dot{x}^2 + \frac{1}{2}I\dot{\theta}^2 \tag{10.15}$$

円柱のエネルギー E はこれに重力のポテンシャルを加えたものだから

$$E = \frac{1}{2}M\dot{x}^2 + \frac{1}{2}I\dot{\theta}^2 - Mgx\sin\alpha \tag{10.16}$$

と表されることになる．（§9.3 で示したように，重力のポテンシャルを求めるには重心に全質量が集まったと考えて計算すればよい．）この式は，第 6 章で

扱った斜面上を運動する物体（質点）の場合の式 (6.17) に，回転のエネルギー $\frac{1}{2}I\dot{\theta}^2$ を加えた形になっている．

エネルギー E を時間 t で微分すると次のような式が得られる．

$$\frac{dE}{dt} = M\dot{x}\ddot{x} + I\dot{\theta}\ddot{\theta} - Mg\dot{x}\sin\alpha = \dot{x}(M\ddot{x} - Mg\sin\alpha) + I\dot{\theta}\ddot{\theta} = f(-\dot{x} + a\dot{\theta}) \tag{10.17}$$

最後の等号では運動方程式 (10.8) を使って，$\ddot{x}, \ddot{\theta}$ を消去した．円柱がすべらずに落下するとき $x = a\theta$ が成り立つので，式 (10.17) の右辺はゼロとなり，エネルギー (10.16) が保存することがわかる．

物体が斜面に沿って落下するとき，物体の持つ重力のポテンシャルは物体の運動エネルギーに変化する．物体が質点のとき，運動エネルギーは並進部分のみであるから，ポテンシャルの減少分すべてが質点の加速に使われる．一方，物体が剛体円柱の場合，運動エネルギーは並進部分と回転部分の和である．したがって，円柱が転がりながら落下するとき，ポテンシャルの減少分は重心の加速だけでなく，回転の加速にも使われることになる．円柱の落下加速度 (10.11) が質点の場合に比べて小さくなるのは，このためである．

問題

10.1 質量 M，長さ l の一様な剛体棒を，棒の端点を支点として鉛直平面内で運動させる．棒を鉛直下方から角度 θ_0 だけ傾けて支えた後，静かに支えを外すと棒は運動を始めた．重力加速度の大きさを g として以下の問いに答えよ．
  (1) 棒の重心が鉛直下方を通過するときの回転の角速度 ω_0 を求めよ．
  (2) 棒の重心が鉛直下方を通過する瞬間に，支点が外れて棒は落下し始めた．その後，棒はどのように運動すると考えられるか，簡潔に述べよ．

10.2 斜面を転がり落ちる軸対称な剛体円柱の運動を考える．斜面の下方には特殊なフィルムが貼ってあり，斜面と円柱の間に摩擦がはたらかないようにしてある．斜面上端から初速 0 で転がり始めた円柱が斜面下端に到達したときの（重心の）速度を V とする．フィルムの有無により，V の値はどのように変化するか，理由とともに答えよ．

10.3 この章で学んだことを使って，問題 9.3 の結果を定性的に説明してみよ．

補章　運動量と角運動量

　本文で扱わなかった事項のうち，運動量と角運動量について簡単な解説を行う．また，角運動量を使った解析の例として，傾きながら回転するコマの運動（歳差運動）を取り上げる．

§A.1　運動量

　質量 m の質点が速度 $\boldsymbol{v}$ で運動しているとしよう．このとき，次の式で定義される量 $\boldsymbol{p}$ を質点の**運動量**という．

$$\boldsymbol{p} = m\boldsymbol{v} \tag{A.1}$$

運動量 $\boldsymbol{p}$ は速度 $\boldsymbol{v}$ に比例しているからベクトル量である．運動量を使うと質点の運動方程式 (2.1) は次のように表すことができる．

$$\frac{d\boldsymbol{p}}{dt} = \boldsymbol{F} \tag{A.2}$$

　n 個の質点からなる質点系について，i 番目 $(i = 1, 2, \ldots, n)$ の質点の運動量を $\boldsymbol{p}_i = m_i \boldsymbol{v}_i$ とする．このとき，質点系を構成する全質点の運動量の和

$$\boldsymbol{P} = \sum_{i=1}^{n} \boldsymbol{p}_i = \boldsymbol{p}_1 + \boldsymbol{p}_2 + \cdots + \boldsymbol{p}_n \tag{A.3}$$

を質点系の**全運動量**という．質点系の重心の定義 (7.1) の両辺に全質量 M をかけて，時間で微分することにより，全運動量は

$$\boldsymbol{P} = M\boldsymbol{V} \tag{A.4}$$

とも書けることがわかる．ここで，$\boldsymbol{V} = \dfrac{d\boldsymbol{R}}{dt}$ は重心の速度である．つまり，全運動量とは，質点系を重心に全質量が集中した質点と見なしたときの運動量にほかならない．

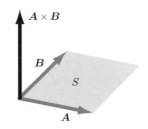

図 A.1 　3次元空間内の2つのベクトル A, B とその外積 $A \times B$. A, B を右手の親指，人差し指とそれぞれ一致させたとき，外積 $A \times B$ は右手の中指の方向を向く．

運動方程式 (A.2) より，全運動量を時間 t で微分したものは各質点にはたらく力の総和に等しい．第7章で述べた作用・反作用の法則により，内力は互いに打ち消し合うことに注意すると次の結果が得られる．

$$\frac{d\boldsymbol{P}}{dt} = \sum_{i=1}^{n} \boldsymbol{F}_i \quad (\boldsymbol{F}_i \text{ は } i \text{ 番目の質点にはたらく外力}) \tag{A.5}$$

式 (A.4) より，この式は重心の運動方程式 (7.11) と同じものである．

質点系にはたらく外力の総和がゼロのとき，式 (A.5) より，質点系の全運動量 P は変化しない．この事実は**運動量保存則**と呼ばれる．

§A.2 　角運動量

角運動量はベクトルの外積を使って定義されるため，はじめに外積について簡単にまとめておく．3次元空間の中に，2つのベクトル A, B が与えられたとする．このとき，図 A.1 のように，A と B を2辺とする平行四辺形 S が一つ定まる．この四辺形と直交する方向を持ち，長さが四辺形の面積と等しくなるようなベクトルを，A と B の**外積**（または**ベクトル積**）といい，$A \times B$ と表す．面 S と直交する向きは2通り考えられる．（図 A.1 では上向きと下向き．）外積 $A \times B$ の向きは，右手の親指，人指し指，中指を広げて，親指を A，人指し指を B と合わせたとき，中指の指す方向にとる．A と B が互いに平行となるときには，これらによって決まる平行四辺形の面積が 0 に

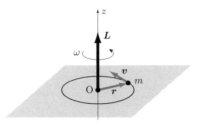

図 A.2 xy 平面内の原点 O を中心に角速度 ω で円運動する質量 m の質点. 位置ベクトル r, 速度 v はいずれも xy 平面内にあるため, 角運動量 L は z 軸の方向を向いたベクトルとなる.

なるので, $A \times B = 0$ (ゼロベクトル) と定める. 特に $A \times A = 0$ である.
空間内を運動している質量 m の質点を考える. 点 O を基準とする質点の位置ベクトルを r, 速度を v とするとき, 次の式で定義されるベクトル L を質点の (点 O のまわりの) **角運動量** という.

$$L = r \times p = r \times mv \tag{A.6}$$

角運動量の意味をつかむために, 質点が原点 O を中心として xy 平面内で円運動している場合について, 質点の角運動量を求めてみよう (図 A.2). 円運動の向きは z 軸の正の方向から見て反時計回りとする. このとき, 原点 O を基準とする位置ベクトル r, 速度 v はともに xy 平面内のベクトルであり, 互いに直交している. したがって, 外積の定義より, 角運動量 L は z 軸の正の方向を向く. 円運動の半径を r, 角速度を $\omega(>0)$ とすると, 本文の例 1.8 より, 速度の大きさ v は $v = r\omega$ と与えられる. r と v は直交しているので, r と v が作る平行四辺形 (長方形) の面積は $rv = r^2\omega$ となる. 以上より, z 軸方向の単位ベクトル (長さが 1 のベクトル) を e_z として, 角運動量 L は次のように表されることがわかる.

$$L = mr^2 \omega \, e_z = I\omega e_z \tag{A.7}$$

ここで, $I = mr^2$ は (式 (8.4) で定義される) 質点の z 軸まわりの慣性モーメントである. このように, xy 平面内で円運動する質点の持つ角運動量は, 円運動の回転軸の方向 (z 軸方向) を向き, 長さが $I\omega$ のベクトルとなる.

§A.2 角運動量

角運動量の定義 (A.6) の両辺を時間 t で微分すると次の式が得られる[*3]．

$$\frac{d\boldsymbol{L}}{dt} = \frac{d\boldsymbol{r}}{dt} \times \boldsymbol{p} + \boldsymbol{r} \times \frac{d\boldsymbol{p}}{dt} = \boldsymbol{v} \times m\boldsymbol{v} + \boldsymbol{r} \times \boldsymbol{F} = \boldsymbol{r} \times \boldsymbol{F} \tag{A.8}$$

ここで，質点の運動方程式 (A.2) および外積の性質 $\boldsymbol{v} \times \boldsymbol{v} = \boldsymbol{0}$ を使った．右辺に現れた量

$$\boldsymbol{N} = \boldsymbol{r} \times \boldsymbol{F} \tag{A.9}$$

を力 $\boldsymbol{F}$ の（点 O のまわりの）**トルク**という．トルクは外積で与えられるのでベクトル量である．トルクを使うと式 (A.8) は次のように表される．

$$\frac{d\boldsymbol{L}}{dt} = \boldsymbol{N} \tag{A.10}$$

図 A.2 の円運動している質点に対して，円の接線方向（運動方向）に力 $\boldsymbol{F}$ がはたらいているとしよう．このとき，質点の位置ベクトル $\boldsymbol{r}$ と力 $\boldsymbol{F}$ は xy 平面内で互いに直交しているので，角運動量のときと同様に考えて，$\boldsymbol{N} = Fr\boldsymbol{e}_z$ となることがわかる．（$F = |\boldsymbol{F}|$ とおいた．）この結果と角運動量 (A.7) を式 (A.10) に代入すると次のような式が得られる．

$$I\frac{d\omega}{dt} = Fr \tag{A.11}$$

この式は第 8 章で導いた回転の運動方程式 (8.11) である．本文では $N = Fr$ をトルクと呼んだ．この例からわかるように，本文で扱ったトルク (8.12) は，式 (A.9) で定義されたトルク（ベクトル）の回転軸方向の成分にあたる．

【参考】力が重力の場合に，質点系にはたらくトルクを求めてみよう．系を構成する質点の質量を m_i，位置ベクトルを $\boldsymbol{r}_i$，重力加速度の大きさを g，鉛直上向きの単位ベクトルを $\boldsymbol{e}_z$ とする．このとき，i 番目の質点にはたらく重力は $-m_i g\boldsymbol{e}_z$ と表されるので，式 (A.9) より重力のトルクは $\boldsymbol{r}_i \times (-m_i g\boldsymbol{e}_z)$ となる．質点系にはたらく重力のトルク $\boldsymbol{N}$ はこれをすべて加えたものなので，次のように表される[*4]．

$$\begin{aligned}\boldsymbol{N} &= \sum_i \boldsymbol{r}_i \times (-m_i g\boldsymbol{e}_z) = -\sum_i m_i \boldsymbol{r}_i \times g\boldsymbol{e}_z \\ &= -M\boldsymbol{R} \times g\boldsymbol{e}_z = \boldsymbol{R} \times (-Mg\boldsymbol{e}_z)\end{aligned} \tag{A.12}$$

[*3] ベクトルの外積の微分は通常の関数の積の微分と同様に計算することができる．外積を含む計算については巻末の参考図書 [6] を参照のこと．

[*4] 以下の式では，外積に対する分配法則 $(\boldsymbol{A}+\boldsymbol{B}) \times \boldsymbol{C} = \boldsymbol{A} \times \boldsymbol{C} + \boldsymbol{B} \times \boldsymbol{C}$ を使って，$g\boldsymbol{e}_z$ をくくりだしている．

ここで，$M = \sum_i m_i$ は系の全質量，$\boldsymbol{R}$ は重心の位置ベクトルである．式 (A.12) の右辺は，位置 $\boldsymbol{R}$ に質量 M の質点があるときの重力のトルクを表している．つまり，質点系にはたらく重力のトルクを求めるには，重心の位置に全質量が集中していると考えて計算すればよい．この結果は，本文 §9.1 の結果と一致している[*5]．　□

剛体（一般に質点系）に対しては，剛体を構成する全質点の角運動量の和を剛体の**全角運動量**と定義する．全角運動量 $\boldsymbol{L}$ を時間 t で微分したものは各質点にはたらく力のトルクの総和である．剛体の場合，内力はトルクに寄与しない[*6] ので外力のみ考えればよく，次の式が成り立つ．

$$\frac{d\boldsymbol{L}}{dt} = 外力によるトルク \boldsymbol{N} の総和 \quad (A.13)$$

特に，外力のトルクの総和がゼロのとき，式 (A.13) より系の全角運動量 $\boldsymbol{L}$ は変化しない．この事実は**角運動量保存則**と呼ばれる．

【参考】固定軸のまわりの回転の場合，式 (A.7) のように，角運動量の大きさは慣性モーメント I と回転の角速度 ω の積で与えられる．外力のトルクがゼロのとき角運動量は保存するから，I と ω の積は一定となる．したがって，I を何らかの方法で減少させることができれば ω は増加することになる．フィギュアスケートの選手が，腕を体にひきつけることにより回転を加速させることができるのはこれが理由である．　□

xy 平面内で回転する質点の場合，質点の角運動量は回転軸の方向を向いたベクトルであった．一般に，剛体の角運動量と回転軸の方向は一致するとは限らないが，剛体が固定軸のまわりに回転している場合，角運動量の回転軸方向の成分は（式 (A.7) と同様に）慣性モーメント I と回転の角速度 ω を使って $I\omega$ と与えられる．したがって，式 (A.13) の回転軸方向成分から

$$I\frac{d\omega}{dt} = 外力によるトルクの回転軸方向成分 N の総和 \quad (A.14)$$

という式が得られる．つまり，回転の運動方程式 (8.11) は式 (A.13) の回転軸方向成分を取り出したものということになる．

本文では回転軸の向きが固定されている場合に限定して剛体の回転運動を考えた．式 (A.13) を使うと，回転軸の向きが変化するような一般の回転運動を

[*5] 実際，本文の計算はここで行った計算を外積を表に出さないように工夫したものである．
[*6] そうでないと，外力がはたらいていなくても剛体が勝手に回転を始めることになる．

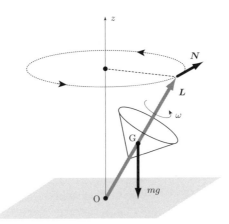

図 A.3　水平面上の点 O を支点として回転するコマの歳差運動．m はコマの質量，g は重力加速度，G はコマの重心を表す．重力のトルク $\boldsymbol{N}$ により，コマの角運動量 $\boldsymbol{L}$ は時間とともに鉛直軸（z 軸）のまわりを回転する．

扱うこともできる．例として，図 A.3 のように，軸対称なコマが水平面の上で傾きながら回っている場合を考えてみよう[*7]．コマの回転が十分に速いとき，（支点 O のまわりの）コマの角運動量 $\boldsymbol{L}$ はおおよそコマの回転軸の方向を向いている[*8]．コマの質量を m，重力加速度を g とするとコマには鉛直下向き mg の重力がはたらく．重力のトルク $\boldsymbol{N}$ はコマの重心 G に全質量が集中していると考えて計算すればよい（式 (A.12) 参照）．重心の位置ベクトル $\overrightarrow{\mathrm{OG}}$ と重力のベクトルはともに鉛直平面内にあるから，トルク $\boldsymbol{N}$ は水平方向（z 軸を中心とする円の接線方向）を向く．式 (A.13) により，角運動量 $\boldsymbol{L}$ の先端は，時間とともに z 軸のまわりに円を描いて動いていくことになるが，これはコマの回転軸が（z 軸との傾きを一定に保ったまま）z 軸のまわりに回転することを意味する．このようなコマの運動を**歳差運動**という．

[*7] 軸の下端の位置は固定されているものとする．摩擦力がはたらいていると考えてもよい．

[*8] 軸対称なコマが回転軸のまわりに回転しているだけならば，コマの角運動量は回転軸の方向を向いたベクトルになる．「おおよそ」というのは，以下で述べる歳差運動の影響があるためである．

参考図書

本書の執筆にあたっては主に以下の書籍を参考にした．

[1] 戸田盛和：力学（物理入門コース1），岩波書店，1982．
[2] 川村　清：力学（裳華房テキストシリーズ），裳華房，1998．
[3] 藤原邦男：物理学序論としての力学（基礎物理学1），東京大学出版会，1984．
[4] 米谷民明：力学（物理学基礎シリーズ），培風館，1993．
[5] 山本義隆：古典力学の形成―ニュートンからラグランジュへ，日本評論社，1997．

[1], [2] は初学者向けだが，本書よりも多くの内容を扱っている．本書を読み終えてさらに力学の学習を続けたい場合は，まずは [1] または [2] に取り組むのがよいだろう．[5] は力学の歴史を扱っており，読み物として読んでもおもしろい．

なお，本書で使った数学（微分方程式，テイラー展開，外積，など）についてさらに知りたい場合には，適当な物理数学（物理に使われる数学）の教科書を参考にするとよい．初学者を対象とした本としては，例えば次のものがある．

[6] 石川　洋：はじめての物理数学，東北大学出版会，2010．

問題の略解

第 1 章
1.1 (1) $v(t) = x'(t) = gt - V$, $a(t) = v'(t) = g$. (2) 略.
1.2 (1) $a(t) = v'(t) = b$, $x(t) = \int v(t)dt = \frac{1}{2}bt^2 + Vt + C$ (C は積分定数). $x(0) = 0$ より $C = 0$ なので, $x(t) = \frac{1}{2}bt^2 + Vt$.
(2) $v(t) = x'(t) = A\omega\cos\omega t$, $a(t) = v'(t) = -A\omega^2\sin\omega t$.
1.3 (1) $\boldsymbol{r}(t) = (R\cos(\alpha t^2 + \beta t), R\sin(\alpha t^2 + \beta t))$.
(2) $\boldsymbol{v}(t) = \frac{d}{dt}\boldsymbol{r}(t) = R(2\alpha t + \beta)(-\sin(\alpha t^2 + \beta t), \cos(\alpha t^2 + \beta t))$, $v(t) = |\boldsymbol{v}(t)| = R|2\alpha t + \beta|$. (3) $\boldsymbol{a}(t) = \frac{d}{dt}\boldsymbol{v}(t) = -R(2\alpha t + \beta)^2(\cos(\alpha t^2 + \beta t), \sin(\alpha t^2 + \beta t)) + 2R\alpha(-\sin(\alpha t^2 + \beta t), \cos(\alpha t^2 + \beta t))$. (4) 加速度の接線方向の成分 ((3) の結果の第 2 項) がゼロとなればよいので, $R\alpha = 0$ より $\alpha = 0$.

第 2 章
2.1 (1) $m\frac{d^2x}{dt^2} = -f$. (2) $\frac{d^2x}{dt^2} = -f/m$ を t について 2 回積分することにより $x(t) = -\frac{f}{2m}t^2 + Ct + C'$ (C, C' は定数). (3) $v(t) = x'(t) = -(f/m)t + C$. $v(0) = C = V$, $x(0) = C' = 0$ より $x(t) = -\frac{f}{2m}t^2 + Vt$. (4) 停止する時刻を $t = T$ とすると $v(T) = 0$ より $T = mV/f$. 求める距離は $x(T) = mV^2/(2f)$.
2.2 重力のみ.
2.3 (1) 円運動の角速度 ω は $\omega = v/l$. 例 1.9 の結果より, 加速度 $\boldsymbol{a}$ の向きは円運動の中心方向, 大きさは $l\omega^2$ である. 運動方程式より, おもりにはたらく力 $\boldsymbol{F}$ は $\boldsymbol{F} = m\boldsymbol{a}$ となるので, $\boldsymbol{F}$ の向きは中心方向, 大きさは $ml\omega^2 = mv^2/l$.
(2) ひもを放すとおもりにはたらいていた力はなくなるので, おもりはひもを放す直前に運動していた方向に等速直線運動を行う. おもりは円の接線方向の速度を持っていたので, 接線方向に飛び去る.

第 3 章
3.1 (1) $x(0) = B$. $v(t) = x'(t) = -B\omega\sin\omega t + C\omega\cos\omega t$ より $v(0) = C\omega$. 以上より $B = x(0)$, $C = v(0)/\omega$. (2) 三角関数の合成により $x(t) = A\sin(\omega t + \alpha)$, $A = \sqrt{B^2 + C^2} = \sqrt{x(0)^2 + v(0)^2/\omega^2}$ (α は定数). $v(t) = x'(t) = A\omega\cos(\omega t + \alpha)$ より $v_{\max} = A\omega = \sqrt{\omega^2 x(0)^2 + v(0)^2}$.
3.2 (1) $m\frac{d^2x}{dt^2} = -kx - mg$

(2) 運動方程式を $\frac{d^2x}{dt^2} = -\frac{k}{m}(x + \frac{mg}{k})$ と書きなおす．これは $x = -\frac{mg}{k}$ を中心とする角振動数 $\omega = \sqrt{k/m}$ の単振動を表すので，一般解は $x(t) = -\frac{mg}{k} + A\cos\omega t + B\sin\omega t$ (A, B は定数) となる．

(3) $x'(t) = -A\omega\sin\omega t + B\omega\cos\omega t$ となる．$x(0) = -\frac{mg}{k} + A = 0$ より $A = \frac{mg}{k}$．$x'(0) = B\omega = 0$ より $B = 0$．以上より $x(t) = \frac{mg}{k}(\cos\omega t - 1)$．

3.3 (1) $m\frac{d^2x}{dt^2} = -2kx$．(2) $x(t) = A\sin(\omega t + \alpha), \omega = \sqrt{2k/m}, A, \alpha$ は定数．

第 4 章

4.1 (1) 力 mg で力と同じ方向に h だけ動かしたので $W = mgh$．

(2) 初速 0 であるから，運動エネルギーの変化 ΔK は $\Delta K = \frac{1}{2}mv^2 - \frac{1}{2}m0^2 = \frac{1}{2}mv^2$．これが重力がした仕事 W に等しいので $\frac{1}{2}mv^2 = mgh$．これを解いて $v = \sqrt{2gh}$．

(3) 最初の位置を原点として鉛直下向きに y 軸を取ると物体の運動方程式は $m\frac{d^2y}{dt^2} = mg$．これを初期条件 $y(0) = 0, y'(0) = 0$ のもとで解くと $y(t) = \frac{1}{2}gt^2$．地面に落下した時刻を $t = T$ とすると $y(T) = h$ より $T = \sqrt{2h/g}$．物体の速度 $v(t)$ は $v(t) = y'(t) = gt$．求める速さは $|v(T)| = \sqrt{2gh}$ となり (2) の結果と一致する．

4.2 物体が地面に落ちるまでに重力のした仕事 W は $W = mg\Delta y = mgh$．物体の運動エネルギー変化は $\Delta K = \frac{1}{2}mv^2 - \frac{1}{2}mV^2 = \frac{1}{2}m(v^2 - V^2)$．$\Delta K = W$ より $v = \sqrt{2gh + V^2}$．一方，運動方程式を初期条件 $x(0) = y(0) = 0, x'(0) = V, y'(0) = 0$ のもとで解くと $x(t) = Vt, y(t) = \frac{1}{2}gt^2$．地面に落下した時刻を $t = T$ とすると $y(T) = h$ より $T = \sqrt{2h/g}$．物体の速度 $\boldsymbol{v}(t)$ は $\boldsymbol{v}(t) = (x'(t), y'(t)) = (V, gt)$ となるから，$\boldsymbol{v}(T) = (V, \sqrt{2gh})$．このときの速さは $|\boldsymbol{v}(T)| = \sqrt{V^2 + 2gh}$ となり，重力のした仕事から求めた結果と一致する．

4.3 (1) $W = \int_a^0 (-kx)dx = [-\frac{1}{2}kx^2]_a^0 = \frac{1}{2}ka^2$．(2) $\frac{1}{2}mV^2 - \frac{1}{2}m0^2 = W$ より $V = \sqrt{k/m}\,a$．(3) 運動方程式 $m\frac{d^2x}{dt^2} = -kx$ を初期条件 $x(0) = a, x'(0) = 0$ のもとで解くと $x(t) = a\cos\omega t, \omega = \sqrt{k/m}$．速度 $v(t)$ は $v(t) = x'(t) = -a\omega\sin\omega t$．つりあいの位置をはじめて通過する時刻を T とすると $T = \pi/(2\omega)$．そのときの速さは $|v(T)| = a\omega$ となり，(2) の結果と一致する．

第 5 章

5.1 おもりの持つエネルギー E は $E = \frac{1}{2}mv_0^2 + \frac{1}{2}kx_0^2$．$\frac{1}{2}kx^2 \leq E$ より $-A \leq x \leq A, A = \sqrt{2E/k} = \sqrt{x_0^2 + mv_0^2/k}$．ポテンシャルは $x = 0$ で最小値 0 を取るので，運動エネルギーの最大値 $K_{\max}$ は $K_{\max} = E - 0 = E$．したがって，速さの最大値 $v_{\max}$ は $v_{\max} = \sqrt{2E/m} = \sqrt{v_0^2 + kx_0^2/m}$．

5.2 (1) ポテンシャルは $U(x) = \frac{1}{2}kx^2 - mgx$．$E = \frac{1}{2}mv^2 + \frac{1}{2}kx^2 - mgx$．(2) $\frac{d}{dt}E = mv\frac{dv}{dt} + kx\frac{dx}{dt} - mg\frac{dx}{dt} = v(m\frac{dv}{dt} + kx - mg)$．括弧の中は運動方程式より 0 となるので $\frac{dE}{dt} = 0$．(3) 初期条件より，おもりの持つエネルギーは

問題の略解 101

$E = \frac{1}{2}m0^2 + \frac{1}{2}k0^2 = 0$. i) $U(x) = \frac{1}{2}kx^2 - mgx \leq E = 0$ を解いて $0 \leq x \leq 2mg/k$.
ii) $U(x) = \frac{1}{2}k(x - \frac{mg}{k})^2 - (mg)^2/(2k)$ より $U(x)$ は $x = \frac{mg}{k}$ で最小値をとる．速さの最大値を $v_{\max}$ とすると，$\frac{1}{2}mv_{\max}^2 = E - U(\frac{mg}{k}) = (mg)^2/(2k)$. $v_{\max} = \sqrt{m/k}\,g$.

5.3 質点の持つエネルギーは $E = \frac{1}{2}mv_0^2 + U(x_0) = \frac{1}{2}mv_0^2$. 質点が無限遠に飛び去るためには $E > D$ であればよいので $v_c = \sqrt{2D/m}$.

第 6 章

6.1 (1) $m\frac{d^2x}{dt^2} = -mg\sin\alpha$. (2) 一般解は $x(t) = -\frac{1}{2}gt^2\sin\alpha + Ct + C'$ （C, C' は定数）．$v(t) = x'(t) = -gt\sin\alpha + C$. $x(0) = C' = 0$, $v(0) = C = V$ より求める特殊解は $x(t) = Vt - \frac{1}{2}gt^2\sin\alpha$.
(3) 物体が静止する時刻を $t = T$ とすると $v(T) = -gT\sin\alpha + V = 0$ より $T = V/(g\sin\alpha)$. $a = x(T) = -\frac{1}{2}gT^2\sin\alpha + VT = V^2/(2g\sin\alpha)$.
(4) $mga\sin\alpha = \frac{1}{2}mV^2$ より $a = V^2/(2g\sin\alpha)$ となり，(3) の結果と一致する．

6.2 (1) ポテンシャル $U(\theta) = -mgl\cos\theta$ は $\theta = 0$ で最小値をとる．求める速さの最大値を $v_{\max}$ とするとエネルギー保存則より $\frac{1}{2}mv_{\max}^2 + U(0) = \frac{1}{2}m0^2 + U(\pi/2) = 0$. これを解いて $v_{\max} = \sqrt{2gl}$.
(2) おもりが一回転するためには，おもりが最高点 $\theta = \pi$ に達したときの速さ v が 0 でなければよい．エネルギー保存則より $\frac{1}{2}mv^2 + U(\pi) = \frac{1}{2}mV^2 + U(0)$. $0 < v^2 = V^2 - 4gl$ より $V > 2\sqrt{gl}$.

第 7 章

7.1 (1) $(3a/4, 0)$. (2) $(a, b/3)$. 図は省略．

7.2 (1) 水平方向右向きに x 軸をとり，P, Q の位置をそれぞれ x_1, x_2 とすると，重心の位置 X は $X = (2x_1 + x_2)/3$ となる．壁に衝突するまでは，P, Q ともに速度は $-V$ であるから重心の速度は $\dot{X} = (2\dot{x}_1 + \dot{x}_2)/3 = (-2V - V)/3 = -V$.
(2) P が壁に衝突した直後，P の速度は V となり，Q の速度は $-V$ のままである．したがって，重心の速度は $\dot{X} = (2V - V)/3 = V/3$.
(3) 重心の運動エネルギー K_G は $K_G = \frac{1}{2}(2m + m)\dot{X}^2 = \frac{3}{2}m\dot{X}^2$. 衝突前後での変化は $\Delta K_G = \frac{3}{2}m[(V/3)^2 - (-V)^2] = -4mV^2/3$.
(4) 相対座標を $x = x_2 - x_1$ とすると，相対運動のエネルギー E' は $E' = \frac{1}{2}\mu\dot{x}^2 + \frac{1}{2}k(x - l)^2$. ここで，換算質量 μ は $\mu = 2m^2/(2m + m) = 2m/3$. 衝突の直前直後で x は変化せず，$\dot{x}$ は 0 から $-2V$ に変化するから，E' の変化は $\Delta E' = \frac{1}{2}\mu(-2V)^2 = 4mV^2/3$. したがって，系のエネルギーの変化 ΔE は $\Delta E = \Delta K_G + \Delta E' = 0$ となり，エネルギーは保存している．

7.3 (1) 水平方向右向きに x 軸をとり，重い原子の位置を x_1, 軽い原子の位置を x_2 とする．重心の位置 X は $X = (Mx_1 + mx_2)/(M + m)$ となるので，その速度は

$\dot{X} = (M\dot{x}_1 + m\dot{x}_2)/(M+m) = (M0 + mv_0)/(M+m) = mv_0/(M+m)$.
(2) 分子の全エネルギー E は $E = \frac{1}{2}M\dot{x}_1^2 + \frac{1}{2}m\dot{x}_2^2 + U(x_2 - x_1)$. 初期条件 $\dot{x}_1 = 0$, $\dot{x}_2 = v_0$, $x_2 - x_1 = x_0$ より $E = \frac{1}{2}mv_0^2$. 重心の運動エネルギー K_G は $K_G = \frac{1}{2}(M+m)\dot{X}^2 = \frac{1}{2}m^2v_0^2/(M+m)$. 相対運動のエネルギーを E' とすると $E = K_G + E'$ なので, $E' = E - K_G = \frac{1}{2}\frac{Mm}{M+m}v_0^2$.
(3) 相対運動のエネルギーが D を超えれば解離するので, $E' > D$ より $v_c = \sqrt{2D(M+m)/(Mm)}$.
(4) 重い原子の質量 M を $M \to \infty$ とすれば, 重い原子は静止し, 問題 5.3 の状況になる. $M \to \infty$ で $v_c = \sqrt{2D/m}\sqrt{1 + m/M} \to \sqrt{2D/m}$ となり, 問題 5.3 の結果と一致する. また, M が有限のときは $v_c > \sqrt{2D/m}$ となり, 問題 5.3 のときよりも大きな速度が必要である. (重い原子が動くので, 重心運動にもエネルギーが必要となるから.)

第 8 章

8.1 (1) ml^2. (2) 重心の位置は $2m$ のおもりから $l/3$ の位置であるから, 求める慣性モーメントは $2m(l/3)^2 + m(2l/3)^2 = 2ml^2/3$.
(3) $\int_{-l/2}^{l/2} x^2(M/l)dx = Ml^2/12$.

8.2 (1) $m_1 \frac{dv}{dt} = m_1 g - T_1$, $m_2 \frac{dv}{dt} = T_2 - m_2 g$. (2) $I\frac{d\omega}{dt} = (T_1 - T_2)a$.
(3) T_1, T_2 を消去すると $m_1 \frac{dv}{dt} + m_2 \frac{dv}{dt} + \frac{I}{a}\frac{d\omega}{dt} = (m_1 - m_2)g$. すべりがないとき $v = a\omega$ となることを使って ω を消去すると $\frac{dv}{dt} = \frac{m_1 - m_2}{m_1 + m_2 + I/a^2}g$.

第 9 章

9.1 剛体棒が回転しないことから, 重力のトルクはゼロである. 重力のトルクは重心に全質量が集中したと考えて計算すればよいので, トルクがゼロになることから重心と支点の距離はゼロ. つまり重心と支点を一致させればよいことがわかる.

9.2 剛体棒は一様なので, 重心は棒の中点である. したがって, 支点のまわりの重力のトルクは θ が増加する方向を正として $-\frac{1}{2}Mgl\sin\theta$. 一方, 外力 F によるトルクは $Fl\cos\theta$. 全トルク N は $N = Fl\cos\theta - \frac{1}{2}Mgl\sin\theta$. 剛体はつりあっているので $N = 0$. $F = \frac{1}{2}Mg\tan\theta$.

9.3 支点まわりの慣性モーメント I は $I = \int_{l-a}^{l+a} \frac{m}{2a}x^2 dx = ml^2 + \frac{1}{3}ma^2$. 一様な剛体棒の重心は中点だから, 支点との距離は l. したがって, 重力のトルク N は $N = -mgl\sin\theta$, 運動方程式は $I\frac{d^2\theta}{dt^2} = -mgl\sin\theta$ となる. $|\theta| \ll 1$ として $\sin\theta \approx \theta$ と近似すると $\frac{d^2\theta}{dt^2} = -\frac{mgl}{I}\theta$. これは角振動数 $\omega = \sqrt{mgl/I}$ の単振動の方程式だから運動は単振動となり, 周期 T は $T = 2\pi\sqrt{\frac{I}{mgl}} = 2\pi\sqrt{\frac{l}{g}}\sqrt{1 + \frac{1}{3}\left(\frac{a}{l}\right)^2}$ となる. この結果は単振り子の場合の値 $2\pi\sqrt{l/g}$ に比べて, 大きくなっている.

問題の略解　　　　　　　　　　　　　　　　　　103

9.4 (1) 慣性モーメント I は $I = \int_{-l/3}^{2l/3} \frac{M}{l} x^2 dx = \frac{1}{9} Ml^2$. トルクは重心に全質量が集中したと考えて計算すればよい. 一様な剛体棒の重心は中点だから，支点との距離は $l/6$. したがってトルク N は $N = -\frac{1}{6} Mgl \sin\theta$.
(2) $\frac{1}{9} Ml^2 \frac{d^2\theta}{dt^2} = -\frac{1}{6} Mgl \sin\theta$
(3) 剛体棒のエネルギーは回転の運動エネルギーと重力のポテンシャルの和で与えられる．重力のポテンシャルは重心に全質量が集中したと考えて計算すればよいので，$E = \frac{1}{18} Ml^2 \dot\theta^2 - \frac{1}{6} Mgl \cos\theta$.
(4) $\frac{dE}{dt} = \dot\theta (\frac{1}{9} Ml^2 \ddot\theta + \frac{1}{6} Mgl \sin\theta)$. 括弧の中は運動方程式より 0 となるので $\frac{dE}{dt} = 0$.
(5) 棒が一回転するためには最高点 $\theta = \pi$ となったときの角速度 ω が 0 でなければよい．エネルギー保存則より $\frac{1}{18} Ml^2 \omega^2 - \frac{1}{6} Mgl \cos\pi = \frac{1}{18} Ml^2 \omega_0^2 - \frac{1}{6} Mgl \cos 0$. $0 < \omega^2 = \omega_0^2 - 6g/l$ より $\omega_0 > \sqrt{6g/l}$.

第 10 章

10.1 (1) 鉛直下方と棒がなす角を θ とすると棒のエネルギー E は $E = \frac{1}{2} I \dot\theta^2 - \frac{1}{2} Mgl \cos\theta$. ここで I は棒の支点まわりの慣性モーメント $I = \int_0^l x^2 (M/l) dx = \frac{1}{3} Ml^2$ である．エネルギー保存則より $\frac{1}{2} I \omega_0^2 - \frac{1}{2} Mgl \cos 0 = \frac{1}{2} I 0^2 - \frac{1}{2} Mgl \cos\theta_0$. これを解いて $\omega_0 = \sqrt{(Mgl/I)(1 - \cos\theta_0)} = \sqrt{(3g/l)(1 - \cos\theta_0)}$.
(2) 重心のまわりに一定の角速度 ω_0 で回転しながら放物運動を行う．支点から外れた後の外力は重力のみなので，重心の運動は放物運動である．（重心の初速は水平方向に $l\omega_0/2$.）重心まわりの重力のトルクは 0 なので，回転の角速度は ω_0 のまま一定である．

10.2 フィルムがあると摩擦がはたらかないため，円柱の回転軸まわりのトルクは 0 となり，フィルムの上では回転の角速度は一定となる．エネルギー保存則より，円柱の落下にともなう重力のポテンシャルの減少分が並進の運動エネルギーと回転の運動エネルギーの和の増加分となる．フィルムがあると回転は一定となるため，回転の運動エネルギーは増加せず，その分だけ並進の運動エネルギーが増加する．したがって，フィルムが有るときの方が V の値が大きくなる．

10.3 剛体棒の運動を，重心の運動（単振り子の運動）と重心のまわりの回転運動の重ね合わせと考える．剛体棒を傾けた状態から運動させると，エネルギー保存則より，重力のポテンシャルの減少分が重心と回転の運動エネルギーの和の増加分となる．一方，単振り子（$a = 0$）では回転の運動エネルギーは無いので，すべてが重心の運動エネルギーの増加に使われる．したがって，その分だけ重心の運動エネルギーが増加し，重心は速く運動するようになる．すなわち，剛体棒に比べて，単振り子の方が振動周期が短くなる．

索引

ア 行

位置エネルギー　　→ ポテンシャル
位置ベクトル　6
一般解　15
運動エネルギー　32, 33, 37
運動方程式　12
　　—の解　14
　　回転の—　74, 95, 96
　　剛体の—　85
　　重心の—　62, 93
運動量　92
　　—保存則　93
エネルギー　32, 40, 42
　　回転運動の—　72
　　重心運動の—　67
　　相対運動の—　67
　　力学的—　33
エネルギー保存則　32, 40, 42, 48
　　剛体の回転運動の—　82
　　剛体の平面運動の—　91
　　質点系の—　67
　　束縛運動の—　55
円運動
　　—の加速度　9, 52
　　—の速度　8, 52
　　等速—　→ 等速円運動

カ 行

外積　93
回転運動　69
回転角　7, 70, 77, 86
回転の運動方程式　→ 運動方程式
外力　61
角運動量　94
　　—保存則　96
角振動数（単振動）　27
角速度　7, 70
加速度　3, 9
換算質量　65
慣性　74
慣性の法則　12
慣性モーメント　72, 94

空気抵抗　18, 41
向心加速度　9
向心力　39
剛体　69
剛体の運動方程式　→ 運動方程式
剛体振り子　77
合力　13
コマ　97

サ 行

歳差運動　97
作用・反作用の法則　12, 62, 93
次元解析　55
仕事　34, 38
自然長　24
質点　1
質点系　58
質量　11
質量中心　→ 重心
周期（単振動）　27
重心　59
重心の運動方程式　→ 運動方程式
重力　12
　　—のトルク　79, 95
　　—のポテンシャル　41, 49, 56, 83
重力加速度の大きさ　12
初期条件　15
振動数（単振動）　27
振幅（単振動）　27
垂直抗力　50, 79, 88
相対座標　64
相対性理論　12
速度　2, 7
束縛力　56, 82

タ 行

単振動　27
単振動の方程式　25
　　—の一般解　25, 26
単振り子　52, 81
力　11
　　—のつりあい　15

力のモーメント　→ トルク
張力　53, 61
テイラー展開　48
てこの原理　75
等加速度直線運動　4
等時性　55
等速円運動　6, 8, 38
等速直線運動　3, 14, 64, 87
特殊解　15
ドット（時間微分の記号）　6
トルク　74, 95
　　──のつりあい　75

ナ 行

内積　8, 38
内力　61
二原子分子　45, 67, 87
ニュートンの運動の法則　12

ハ 行

ばね定数　12
ばねの力　12, 24
　　──のポテンシャル　41
速さ　3, 8
微小振動　47, 54, 67
微小量　34
微分方程式　14
フーリエ展開　27
復元力　12, 24
平衡点　46
　　不安定な──　48, 80
並進運動　69
ベクトル積　→ 外積
偏微分　49
放物線　22
保存量　40
保存力　49
ポテンシャル　33, 40, 41

マ 行

摩擦力　13, 35, 50, 79, 88, 97
　　静止──　13, 89
　　動──　13
モース・ポテンシャル　45

ラ 行

力学的エネルギー　33
量子力学　12, 46

【著者略歴】
石川　洋（いしかわ　ひろし）

1967 年　東京都に生まれる。
1995 年　東京大学大学院理学系研究科物理学専攻博士課程修了
　　　　博士（理学）
現　　在　東北大学大学院理学研究科物理学専攻　准教授
著　　書　『はじめての物理数学』（東北大学出版会　2010 年）

力学入門
Mechanics for beginners
Ⓒ Hiroshi ISHIKAWA 2019

2019 年 3 月 22 日　　初版第 1 刷発行
2023 年 11 月 30 日　　初版第 3 刷発行

著　者　石川　洋
発行者　関内　隆
発行所　東北大学出版会
　　　　〒980-8577　仙台市青葉区片平 2-1-1
　　　　TEL: 022-214-2777　FAX: 022-214-2778
　　　　https://www.tups.jp　E-mail:info@tups.jp
印　刷　笹氣出版印刷株式会社
　　　　〒984-0011　仙台市若林区六丁の目西町 8 番 45 号
　　　　TEL: 022-288-5555　FAX: 022-288-5551

ISBN978-4-86163-326-3　C3042
定価はカバーに表示してあります。
乱丁、落丁はおとりかえします。

JCOPY　〈出版者著作権管理機構 委託出版物〉
本書の無断複製は著作権法上での例外を除き禁じられています。複製される場合は、そのつど事前に、出版者著作権管理機構（電話 03-5244-5088, FAX 03-5244-5089, e-mail: info@jcopy.or.jp）の許諾を得てください。